U0096022

紅沙龍

Try not to become a man of success but rather to become a man of value.
～Albert Einstein (1879 - 1955)

毋須做成功之士，寧做有價值的人。 —— 科學家　亞伯‧愛因斯坦

輝達之道

黃仁勳打造晶片帝國，引領AI浪潮的祕密

THE NVIDIA WAY

Jensen Huang and the Making of a Tech Giant

金泰 Tae Kim 著

洪世民、鍾玉玨 譯

獻給 Helena 和 Noah

各界讚譽

「本書深刻剖析『輝達崛起』這個當代最精彩非凡的企業故事。」

——摩根·豪瑟，《致富心態》作者

「《輝達之道》是一部引人入勝的歷史，講述輝達意外崛起到立於科技界顛峰，並有力證明了創辦人黃仁勳名列史上偉大 CEO 之林。」

——克里斯·米勒，《晶片戰爭》作者

「這是世界最重要公司之一輝達的迷人歷史，也關乎它如何成就偉大。作者巧妙地講述了輝達令人難以置信的成就和深具啟發性的失敗，並捕捉了創辦人、科學家和員工的獨特理念、動機和賭注。」

——馬修·鮑爾，《元宇宙》作者

「多年來，我一直在閱讀並關注金泰的文章，他是一位對科技與遊戲產業非常敏銳的觀察家……我很高興有人寫了輝達的企業故事，而且我很高興是你（金泰）撰寫的。」

——班·湯普森，《Stratechery 科技電子報》作者（於專訪中）

目錄
CONTENTS

第 1 部 ●
早期（1993 年以前）

第 3 部

崛起（2002–2013 年）

第 4 部

走向未來（2013 年至今）

前言

　　如果當初人生不是這樣走，黃仁勳說不定會當老師。他最喜歡的媒介是白板：自他在 1993 年共同創立輝達以來，一直擔任首席執行長，在他出席的許多會議上，他會跳起來，拿著他最愛的方頭白板筆，畫圖解說問題或簡述構想——就算同時還有別人在講話或在白板上寫東西，他也會這麼做。事實上，他也不時輪流扮演老師和學生這兩種身分，在員工間孕育出合作精神，發展眾人的見解，解決他們面臨的問題。他繪製的草圖精確到可直接轉作技術文件的圖示；同事叫他「仁勳教授」，因為他有本事在白板上用人人都能理解的方式解釋複雜的概念。

　　在輝達，白板不只是會議上首要的交流工具，也同時代表可能性和短暫性：相信一個成功的構想，不論多精湛，最後都會被擦掉，被新構想所取代。輝達位於加州聖塔克拉拉的兩棟總部大樓裡，每間會議室都有一塊白板，象徵每一天、每一場會議都是一個新契機，也象徵創新是必要，而非可有可無的選項。「板書」也需要積極的思考，且勢必會揭露一位員工（包括高階主管）對資料的熟悉程度。員工必須在一群觀眾面前即時展現他們的思考過程，沒法躲在精心排版的 PPT 或光鮮亮麗的行銷影片後面。

　　白板也許就是輝達獨特文化的終極象徵。這家微晶片設計公司在 1990 年代創立，一開始很不起眼，只是數十家電腦圖形晶片公司的其中之一，主要是在第一人稱射擊遊戲如《雷神之鎚》（Quake）等追求極致表現的重度玩家中享有盛名，後來卻發展成人工智慧（AI）時代首屈一指的先進處理器供應商。輝達處理器的架構非常適合 AI 的工作負載，因為它能夠同時進行多項數學運算，這是訓練和運作先進的大型語言 AI 模型所不可或缺。輝達很早就看出 AI 的重要性，且進行前瞻性投資超過十年──包括提升硬體性能、發展 AI 軟體工具、優化網路效能等等──使該公司的技術平台有了完美定位，成為當今 AI 浪潮的主要受惠者。如今 AI 應用場景不勝枚舉。各公司利用輝達支援的 AI 伺服器來提升程式設計師的生產力：生成開發人員覺得寫起來乏味的低階碼、自動執行不斷重複的客服工作、讓設計師能夠按照文字提示（text prompt）創作和修改圖像，進而加快構想的反覆運算速度。

　　輝達的再造已見成效：2024 年 6 月 18 日，輝達超越微軟（Microsoft）成為世界最有價值的公司，市值達 3.3 兆美元。它是在全球對其 AI 晶片需求若渴之下達到這個里程碑；股價在過去十二個月裡漲了兩倍。說持有輝達股票是史上相當出色的投資還嫌保守了。從 1999 年初它首次公開發行（IPO）到 2023 年底，輝達的投資人享有美國股票史上最高的年化複合報酬率：年複合成長率（compound annual growth rate，CAGR）超過 33%。❶如果投資人在 1999 年 1 月 22 日上市時買了 1 萬美元的輝達股票，到 2023 年 12 月 31 日，那些股票的價值將高達 1,320 萬美

元。

輝達的文化就從黃仁勳開始。他的朋友、員工、供應商、競爭對手、投資人和崇拜者都直呼他「仁勳」（我在這本書裡也會直呼其名）。他在 AI 熱潮之前就小有名氣，曾在 2021 年名列《時代》（Time）雜誌全球百大影響力人物。但隨著輝達的市值達到 1 兆、2 兆、3 兆美元，他的知名度也水漲船高。現在你三不五時就會看到他的招牌皮夾克、頂著一頭簡單旁分的銀髮，出現在報導或短片裡——其中很多形容黃仁勳是「世間罕見的天才」。

對於我們這些採訪半導體產業的記者來說，黃仁勳早已眾所周知。輝達三十年的歷史，都以他馬首是瞻，他是科技業現任執行長之中任職最久的。公司不僅在他的帶領之下存活至今，還超越在激烈競爭的晶片產業的所有競爭對手，甚至可說勝過地表每一家公司。從我出社會工作以來，我大半職涯都是以專業身分追蹤輝達（先是證券分析師，現為新聞記者）的發展，親眼見證了黃仁勳的領導和高瞻遠矚如何在這些年塑造這家公司。話雖如此，我的觀點仍是外部觀察者的觀點，既仰賴具體事實，也仰賴個人解讀。要獲知輝達成功的祕密，我必須訪問很多人，很多公司內外部人士。我也必須跟黃仁勳本人聊聊：跟他很多員工一樣，當他的學生。

人生頭一次重大勝利

就在輝達成為全球市值最高公司的四天前，我的機會來了。

輝達得知我正在寫一本書；2024 年 6 月初，一位代表提議就在他
對加州理工學院 2024 年畢業生發表畢業典禮演說之後，幫我安
排一次見面。我欣然同意，於是 6 月 14 日星期五上午九點五十
幾分，我站在畢業典禮講台前，等黃仁勳現身。那天有標準的加
州天氣：天空蔚藍，陽光和煦。學生和親友坐在一頂大白色帳篷
底下。加州理工董事會主席大衛・湯普森（David Thompson）介
紹黃仁勳出場，開玩笑說當天稍早，兩人在校園裡四處參觀時，
這位輝達執行長引來如此熱烈的關注，讓他覺得自己好像與貓王
（Elvis Presley）並肩同行。

　　黃仁勳在演說中告訴學生，從加州理工畢業，將是他們人生
的高峰之一。他也提到他對高峰一詞有些認識。「我們都身處生
涯的高峰，」他說：「長期關注輝達和我個人的同學，相信你們
明白我的意思。只不過，你們未來還有更多、更多高峰要攀登，
我則是希望今天不是我的高峰。不是最高峰。」他發誓要跟以往
一樣努力工作，確保輝達在未來還有更多高峰，並鼓勵畢業生以
他為榜樣。

　　在黃仁勳說完結語後，我被帶往凱克太空研究中心（Keck
Center for Space Studies），進入一間鑲了木板的會議室，牆上都
是飛行員、太空人和總統的黑白照片。黃仁勳在那裡等我。我們
閒聊了一會兒，我才開始提問事先準備好的問題。我解釋說我以
前是電玩發燒友，從 1990 年代就開始自己組裝電腦。我是在研
究顯示卡時頭一次接觸輝達，自此成為忠實用戶。我也提到在我
職業生涯之初，效力華爾街一家基金公司時，投資輝達成了我人
生頭一次重大勝利。

　　「幹得好。」黃仁勳一本正經地說：「輝達也是我人生頭一次重大勝利。」

　　我們開始天南地北討論輝達的歷史。黃仁勳知道他有很多前員工深深懷念輝達的草創時期。但他不願給予輝達的創業階段——還有他自己的失策——過於正面的評價。

　　「我們還年輕的時候，搞砸了很多事。輝達不是從第一天就偉大的公司。我們花了三十一年才讓它變強。它以前不太妙。」他這麼說：「很強就不會造出 NV1 了。很強就不會造出 NV2 了。」他這麼說，指的是該公司前兩款晶片設計——都是差點毀掉輝達的賠錢貨。「我們戰勝自己，活了下來。我們是自己最大的敵人。」

　　輝達有好幾次瀕臨破產的經驗。但每一次，在沉重的壓力下，它都能從自己所犯的錯誤中學習。它留住了一批核心的死忠員工，其中很多人待到今天。當然，也有人沒留下來，使輝達需要融入新血。「每一次危機都有人離開，每一次我們都重新振作起來。我們療傷止痛，讓它活下來，」他說。

　　他突然轉成第三人稱。「要是公司頭十五年沒有黃仁勳參與，那就太好了。」他大笑，意味他並不以當時公司的治理方式或自己的一派天真和缺乏策略性思考為傲。

　　結果我得站在一個奇怪的立場，向輝達的創辦人捍衛輝達的過往。我指出，那些早期的決策——我自己做過研究調查，對此有相當程度的認識——並非一無是處。就算犯錯，其中一些失敗也可歸咎於不可預期，或他和公司無法掌控的因素。事後來看，其中很多似乎無可避免。

「好，你這樣講也可以。」黃仁勳說：「我不喜歡談我們的過去。」

最純粹的「輝達之道」

我發現這在輝達內部是相當普遍的態度：公司文化不鼓勵回顧過往，無論是非成敗，而鼓勵聚焦於未來——就像一塊充滿機會的空白白板。但不了解輝達是如何走到今天，就不可能了解今天的輝達。

這本書是第一本訴說輝達故事的書——是完整的故事，不只是黃仁勳的故事，雖然他是一切的中心。故事將一路回到1993年——對任何在科技業工作的人來說，那是好幾輩子以前的事了——黃仁勳、克蒂斯·普里姆（Curtis Priem）和克里斯·馬拉科夫斯基（Chris Malachowsky）在一家丹尼餐廳（Denny's）後排的小包廂創立輝達的經過。少了其中哪一人的貢獻，輝達就不可能誕生。黃仁勳的商業敏銳度和嚴格的管理風格固然是輝達初期成功的關鍵，但普里姆設計晶片架構的非凡造詣，以及馬拉科夫斯基的製造專業，同樣不可或缺。

這是一個至今長達三十年的故事，為了說這個故事，我採訪了一百多人。其中許多是現任或前任輝達員工，深諳輝達的內部運作方式——受訪者包括黃仁勳、兩位共同創辦人，以及早期及現任高階管理團隊的多數成員。除此之外，還有兩位最早投資輝達的創業投資家、多名科技業的執行長、曾幫助輝達製造及銷售晶片的事業夥伴，以及其他和輝達同場較勁、十之八九不是對手

的半導體公司。

透過這些訪問，我開始了解輝達到底哪裡特別。它的獨特之處不在於它的技術造詣——這比較像是結果，而非根本原因。不是財務資源或新機會——這些是來自高市場評價。不是預見未來的神祕能力。不是運氣好。而是它獨特的組織設計和工作文化，也就是我所謂的「輝達之道」（Nvidia Way）。輝達文化結合了罕見的員工自主與最高標準；它鼓勵速度最快，又要求品質頂尖；它讓黃仁勳得以扮演策略師和執行者，又能直接看到公司裡的每一名員工和每一件事。最重要的是，它要求每個人都要有近乎超人等級的努力與心理韌性。輝達文化之所以特別，不只是因為在這裡工作極耗心力（雖然確實如此），更是因為黃仁勳的管理風格和美國企業截然不同。

黃仁勳會以他獨特的方式經營公司，是因為他相信輝達最大的敵人不是競爭對手，而是它自己——更明確地說，是任何成功公司都會面臨的自滿，特別是像輝達這樣歷史悠久、紀錄輝煌的公司。擔任新聞記者時，我見到不少公司隨著發達興盛而出現組織渙散的現象，而主因就是辦公室政治：員工的焦點不是擺在推動創新或服務顧客，而是幫助主管升官發達。這分散了員工的注意力，使他們無法盡心盡力工作，得不斷回頭提防來自隔壁辦公室的威脅。這正是黃仁勳創立輝達組織架構要杜絕的現象。

「這麼多年來，我了解事情會怎麼發生，人們會怎麼保護自己的地盤，會如何捍衛自己的想法。我建立了一個更扁平的組織，」黃仁勳說。他對抗暗箭傷人、表裡不一和鉤心鬥角的方法是公開問責——如有必要，也公開給人難堪。「如果我們有哪個

領導者不為他人的成功而奮鬥，有哪個領導者剝奪了別人的機會，我會大聲說出來，」他說。「我不介意指責他人。你這樣做個一兩次，就沒人敢亂來了。」

輝達這種獨樹一格的文化或許聽來怪異，甚至出奇苛刻——就算以科技業的標準來看也是如此。但我訪問了那麼多前輝達員工，卻很難找到不認同的人。他們全都指出，輝達基本上沒有大型組織常見的那種辦公室政治和優柔寡斷。他們提到自己很難適應其他公司的工作環境：既缺乏直接坦率的溝通，也沒什麼完成任務的急迫性。他們形容輝達不只是授權給他們，更**要求**他們履行自己的專業使命，並以此作為必要的雇用條件。

某種意義上，這就是最純粹的「輝達之道」。這是一種堅定不移、相信盡力做好工作就會獲得豐厚回報的信念；也是一種在逆境中堅持到底的動力。或者，如黃仁勳直視我的眼睛所說的：他的公司成功的祕訣，無非就是「純粹的意志力」。

個人意志形塑了輝達

更確切地說，是黃仁勳的個人意志形塑了輝達。他一人做出輝達史上影響最鉅的幾個決定。他能夠正確地把重金押在新興技術，是因為他具有深厚的技術知識——他是擁有工程背景的創辦人。我試著在這本書裡將「輝達之道」提煉為一套任何人都可以從中學習的原則，就算沒辦法親自使用。不過，這一切的背後都潛伏著一個問題：你真的可以把輝達和它的執行長分開嗎？

我寫這句話的時候，黃仁勳已經六十一歲。他管理輝達已經

三十一年，超過半生。而今天輝達的規模比當年更大、更賺錢，
對全球經濟的影響也更深遠。但它仍仰賴黃仁勳這位企業領袖兼
定調者。蘋果公司（Apple）在史蒂夫・賈伯斯（Steve Jobs）於 1985
年被趕走和 2011 年過世後兩度存活下來；亞馬遜（Amazon）、
微軟和谷歌（Google）在傑夫・貝佐斯（Jeff Bezos）、比爾・蓋
茲（Bill Gates）和賴瑞・佩吉（Larry Page）、謝爾蓋・布林
（Sergey Brin）離開後都活得很好。有朝一日，輝達也將面臨類
似的轉變。輝達在後黃仁勳時代會變成什麼樣子——它的文化能
否存續，能否維繫現有的動力——目前仍不明朗。

　　說到底，白板有沒有用取決於拿筆的人。它可以反映天才，
但無法創造天才。

第 1 部

早期
1993年以前

第 1 章

痛苦與磨難

　　黃仁勳四歲時，他的爸爸造訪紐約市，愛上美國。從那時起，黃仁勳的爸媽就立定目標：設法在這個處處是機會的國度拉拔他和他的哥哥長大。

　　這不是件容易的事。黃仁勳於 1963 年 2 月 17 日在台灣出生，父母都是台灣人。他們並不富裕，會基於黃爸爸工作需要而四處搬家。最後他們移居泰國，住了比較久的時間。黃媽媽教她兩個兒子英文，每天都從字典隨機挑十個單字要他們拼寫，並把意思記起來。❶

　　在一場政治動盪席捲泰國後，黃仁勳的爸媽決定把兄弟倆送到華盛頓州的塔科馬（Tacoma）跟舅舅、舅媽同住。塔科馬坐落在北太平洋鐵路的尾端，以往有「命運之城」之稱，但到了 1970 年代，它距離紐約市的生氣勃勃，說多遠就有多遠：它潮濕、陰鬱，且拜市郊的紙漿和造紙廠所賜，彌漫著硫磺的味道。黃仁勳的舅舅、舅媽剛移民美國不久，一邊盡他們所能幫助兩個孩子適

應美國的新生活，一邊等待黃仁勳的爸媽隨後遠渡太平洋。

　　兩個男孩很難管教。「我們永遠沒辦法乖乖坐好。」黃仁勳說：「我們吃光櫥櫃裡的糖果、從屋頂跳下來、窗戶爬出去、把一身泥巴帶進屋子、洗澡忘了拉浴簾、害浴室地板淹大水。」❷

　　雖然他的爸媽自己尚未順利搬到美國，仍希望把孩子送去寄宿學校，以便接受良好教育。他們找到肯塔基州東部一所奧奈達浸信會學校（Oneida Baptist Institute）有收國際學生。他們得變賣幾乎所有家產才付得出學費。

　　黃仁勳還記得第一次搭車到校的情景。車子穿越肯塔基的山脈，經過一棟建築，那裡是奧奈達唯一一家加油站、超市和郵局。寄宿學校有大約三百個學生，男女各半。但那裡並不是黃家原本設想的預備學校。奧奈達浸信會學校原為專收問題少年的教養院。它在 1890 年代創立時，是為了把孩子從該州長期不和的家庭裡送走，以避免他們自相殘殺。

　　切合它最初的目的，該校要學生遵守嚴格的作息。每天早上，黃仁勳都要走一座破舊的旋轉橋穿過紅鳥河（Red Bird River）去上課。他加入游泳隊、踢足球，也發現了傑樂果凍（Jell-O）、美式臘腸、比司吉（Biscuit）和肉汁等新食物。他每星期上兩次教會，週末會看 ABC 電視台的週日夜電影。晚上，他有時會跟學校的管理員下棋，還會幫他去自動販賣機補貨，換得一罐免費汽水。他會把握偶爾到鎮上的機會去超市買巧克力雪糕；平常，只要能吃到宿舍窗外那棵蘋果樹掉下來的果子，他就心滿意足了。

　　最重要的是雜務。每個學生每天都得做事。黃仁勳的哥哥已

經夠強壯，可以從事長時間的體力活，被派往附近的菸草農場做工。至於黃仁勳，他要負責三層樓宿舍的清潔工作。「我得掃廁所，」他說：「所以一定會看到那種東西。」❸

由於黃仁勳年紀較小（種族不同可能也是原因），他成了霸凌的對象。雖然該校表面上的初衷是讓學生改過自新，實際上管理鬆懈馬虎，而黃仁勳在校的頭幾個月常挨揍。就連他的室友也令人心驚膽戰：比黃仁勳大八歲，全身滿滿刺青和刀疤。最後，黃仁勳學會克服恐懼。他和室友成為朋友，教室友讀書，室友則教他舉重做回報。黃仁勳開始舉重，而那不僅給他力量，也給他信心，有能力、也渴望為自己挺身而出。

後來，黃仁勳的高階主管會說，黃仁勳就是在肯塔基的歲月培養出強硬堅韌、街頭霸王般的心性。「這也許多少受到我早期學校教育的影響，我從不主動找人打架，但也絕對不會閃避。所以，如果有人想找我麻煩，他最好三思。」黃仁勳自己這麼說。❹

幾年後，黃仁勳的爸媽從泰國搬到奧勒岡州的比弗頓（Beaverton），這是波特蘭都會郊區的城市。他們讓兩名男孩從肯塔基的「寄宿學校」轉回當地的公立學校。黃仁勳固然很開心能和爸媽團聚，但回想起來，在奧奈達浸信會學校的日子是他人格養成的關鍵時期。

「我沒那麼容易害怕了。我不擔心去我沒去過的地方。我可以忍受很多不適。」❺

最有前途的青少年乒乓球員

在波特蘭麋鹿俱樂部（Elks Club）的四樓，一間裝飾華麗、有枝形吊燈和雕花天花板的舞廳裡，盧‧波琴斯基（Lou Bochenski）成立了一間桌球俱樂部，名為「球拍宮」（Paddle Palace）。每天都從上午十點開到晚上十點，設有相當熱門的青少年課程給年輕球員參加。放學後，黃仁勳常在球拍宮出沒，在那裡找到對這項運動的天分和熱情。他又開始做清潔工：現在是為了賺點外快──波琴斯基付錢請他擦球拍宮的地板。

這不只是波琴斯基個人的善舉。他的女兒茱蒂‧霍弗洛（Judy Hoarfrost）曾是 1971 年訪問中國的「乒乓外交」隊的一員。事實上，霍弗洛和她八名隊友是 1949 年共產革命後第一批由政府出資訪問中國的美國人。雖然她們打輸了友誼賽，但此行暗示美中關係即將破冰，並有助於提升桌球在美國的能見度。波琴斯基將協助發掘有潛力的桌球新秀、並培養成國家級人才，視為他的職志。

霍弗洛和波琴斯基都對黃仁勳的球技和工作態度印象深刻，❻ 深刻到 1978 年，波琴斯基寫了封信給《運動畫刊》（*Sports Illustrated*）雜誌，盛讚黃仁勳是太平洋西北地區出現過「最有前途的青少年選手」。他強調，不同於該雜誌介紹過的其他青少年，都靠家裡每年出資 1 萬美元參加錦標賽，黃仁勳的旅費都靠自己賺。

「他學業優良，也非常渴望成為乒乓球冠軍。他打桌球才三個月，但我建議你們再過一年一定要注意他。」波琴斯基寫

道。❼ 當時，黃仁勳才十四歲。

有一次，他赴拉斯維加斯參加全國乒乓球錦標賽。但拉斯維加斯的聲光娛樂太誘人了，他在比賽前夕沒有好好休息，反而整晚沒睡，在賭城大街遊蕩到天亮。比賽慘敗──而他永遠忘不了那次失敗的教訓。

「當你十三、四歲第一次來到拉斯維加斯，你很難專注於比賽，」他三十年後這樣說：「到今天，我仍後悔當初沒有更專注於那場賽事。」❽

十五歲時，他打進美國青少年雙打公開賽。這一次，他知道不該再分心了──最後拿下第三名。

比其他員工端更多杯咖啡

黃仁勳一直是個好學生。但學習如何和他人交際互動，就比較具挑戰性了。

「我很內向，害羞得不得了，」他說：「把我從保護殼裡拉出來、克服怕羞的，是在丹尼餐廳當服務生的經驗。」

黃仁勳十五歲時，哥哥幫他在波特蘭的丹尼餐廳找了份工作。於是，他高中和大學的幾個暑假便在這間二十四小時的餐廳打工。跟往常一樣，黃仁勳從洗碗和掃廁所等苦差事做起。「我掃的廁所應該比史上任何執行長都多，」他回憶道。❾ 後來他開始收碗盤，然後當服務生。

他認為丹尼餐廳教給他很多重要的生活技能，包括如何因應混亂場面、在時間壓力下工作、和客人溝通和處理錯誤（比如廚

房出錯）。那也教會他在工作品質中找到滿足感，不論差事有多微不足道，並依照最高標準完成每一項任務。不管是洗第一百次廁所，或是和從沒去過丹尼、不知點什麼的新顧客互動都一樣。他回憶，他一直逼自己把事情做到最好，就算那意味追求某個荒謬的目標，例如一次比其他員工端更多杯咖啡。他學會以日常的辛勞為傲。

「我敢肯定，我是他們雇用過最棒的洗碗工、收盤子小弟和服務生，」他說。

唯獨一個常見的點單例外。「我討厭奶昔，因為我討厭製作奶昔，」他說；一杯奶昔要花很多時間做，做完還要花更多時間清理。他會試著勸顧客改點可樂，如果客人堅持，他會問：「您確定？」❿ 就這樣，當年他已經了解到工作生涯的另一個事實：高標準和高效率兩者之間的權衡。

偉大和聰明無關，偉大來自性格

黃仁勳就讀奧勒岡州比弗頓的阿羅哈高中（Aloha High School），在數學、電腦和科學社團都交到朋友。他所有空閒時間都花在用 Apple II 寫 BASIC 程式，和用電傳終端機（teletype terminal）打電動——那看起來像電動打字機，只是連接到更大的主機上。

他「迷上」電玩，尤其是《星艦迷航記》（*Star Trek*）的大型主機遊戲，那是以經典的孩之寶（Hasbro）桌遊〈海戰〉（Battleship）為基礎。⓫ 他也花了不少時間在遊樂場玩雅達利

（Atari）和科樂美（Konami）出品的電玩，包括《爆破彗星》（*Asteroids*）、《蜈蚣王》（*Centipede*）和《小蜜蜂》（*Galaxian*）等等。⓬ 他家裡沒電腦，所以得去別的地方過他的電玩癮。「我家沒錢買，」他說。⓭

天資聰穎的黃仁勳在泰國讀小學時就跳過一次級，在肯塔基上奧奈達浸信會學校時又跳了一次。於是他十六歲就從阿羅哈高中畢業，出於兩個原因決定念位於科瓦利斯（Corvallis）的奧勒岡州立大學，一是該州居民學費低廉，二是他最好的朋友迪安‧韋海頓（Dean Verheiden）也要念那裡。黃仁勳和韋海頓一同選了電機工程為主修，也一起上很多門課。為了獲得相關工作經驗，黃仁勳向當地一家名叫 Techtronic Industries 的公司申請實習好幾次，但每次都被拒絕。

大二那年，黃仁勳遇到洛麗‧米爾斯（Lori Mills），是電機工程班上兩百五十個學生僅有的三名女生之一。黃仁勳說，這時他已經揮別尷尬期，琢磨過社交技巧了。「我在班上年紀最小，個子也很小，又小又瘦弱。但我有個很棒的搭訕台詞──你想看我的作業嗎？」⓮

這句台詞奏效了。他和米爾斯開始約會，在兩人於 1984 年畢業後不久就結婚了。美國幾家規模最大的半導體和晶片製造商都邀黃仁勳去面試。他一開始中意分支機構橫跨多個地區的德州儀器（Texas Instruments），但他面試不順利，沒錄取。接下來他去應徵兩家位於加州的公司。第一家是超微半導體公司（Advanced Micro Devices），即 AMD，自從在奧勒岡州看到該公司一款微處理器的海報，他就極度仰慕 AMD 了。第二家

是 LSI Logic，它製造名為特定應用積體電路（application-specific integrated circuit）的客製化微晶片，可以用於技術和科學領域。

他獲得這兩家公司錄用，選擇了 AMD，因為他對 AMD 的盛名更熟悉。於是，白天他在公司設計微晶片；晚上和週末，他去史丹佛上課，好拿到電機工程碩士學位。除了工作和持續進修外，他和洛麗也生了兒子史賓賽（Spencer）和女兒麥蒂森（Madison）。因為他沒辦法同時上很多課，完成碩士學位是一條漫漫長路；他歷經八年，終於拿到。「我看得很遠，」他說。「某些事情我很沒耐性，其他事情又有無比耐心。堅持不懈。」[15]

在工作、碩士學位和家庭上，黃仁勳實現了許多移民父母的夢想：他們萬般犧牲，為的就是給孩子機會過更好的生活。

「我父親的夢想，和我母親對我們成功的渴望，使我們最終來到這裡，」黃仁勳在三十年後有人請他回憶往事時這麼說：「我虧欠他們太多了。」[16]

但黃仁勳還有更遠大的雄心壯志。這股凡事都要做到完美，又要盡可能實現最高效率的動力，這會兒使他質疑起自己設計微處理器的工作。雖然他在幫 AMD 設計微晶片上表現傑出，卻覺得這單調乏味；當時這項工作仍得用手工進行。

他有個同事跳槽去 LSI，希望黃仁勳跟他一起去。一如當時晶片製造業的多數人，黃仁勳聽說 LSI 正在開發可望使晶片設計過程更快、更簡單的軟體工具。這個想法激起他的好奇心。他明白，儘管這很冒險，但他必須為一家在他看來清楚把握晶片產業未來何在的公司效力。這件事很早就展現了他不安於現狀、前瞻性思考的性格，而這種性格將驅使他追求前沿發展，就算必須將

安全穩健拋諸腦後。

他毅然決然加入 LSI。LSI 請他擔任與顧客配合的技術角色。他被派去名叫昇陽電腦（Sun Microsystems）的新創公司，在那裡遇到兩位工程師：克蒂斯・普里姆和克里斯・馬拉科夫斯基，他們正在進行一項機密專案，若能成功，可望徹底改變人們使用工作站電腦的方式（工作站電腦是專為執行專業技術或科學任務，例如 3D 模型或工業設計而打造的高效能電腦）。

黃仁勳能接觸到這個新機會，幸運顯然起了相當作用，他自己的才華和技能也是。但如他自己所體認，從刷馬桶到管理一家微晶片公司的所有部門，驅策他的最重要因素是他願意、也有能力比別人付出更多努力，以及忍受更多磨難。

「期望愈高的人，韌性愈差。不幸的是，韌性對成功非常重要，」他後來說：「偉大和聰明無關，偉大來自性格。」❶ 而性格，在他看來，只可能由克服挫折和逆境所塑造。對黃仁勳來說，在面對惡劣乃至微乎其微的機率時堅持不懈、奮鬥到底，就是工作的本質。

這也是為什麼每當有人請他提供「成功之道」時，他的答案多年來始終如一：「希望你承受足夠的痛苦和磨難。」

第 2 章

繪圖革命

　　青少年時期,克蒂斯·普里姆在高中電腦室裡寫遊戲程式設計來自學。他的高中位於俄亥俄州克里夫蘭郊區的費爾維尤帕克(Fairview Park),校內有一部 ASR-33 電傳打字機耦合終端機,可以連結一部位於十五公里外的主機,並透過電話線以每秒約 10 字元的速度傳輸資料。他用 BASIC 寫程式,將指令傳輸到穿孔紙帶上,再把紙帶送入電傳打字機裡的讀取機,以便在遠端的主機跑程式。

　　普里姆最具企圖心的專案是一款撞球遊戲。該程式用文字字元顯示檯面上球的分布位置,讓玩家輪流指定他們要從哪個角度、哪種速度出桿打母球。遠端主機會計算撞擊結果,以及每顆球會停在哪些位置。這個程式相當龐大;用上的穿孔紙帶卷直徑超過二十公分,而普里姆每寫出一個新版本,就得花將近一個鐘頭列印。他拿這個程式報名參加當地科學展覽會的競賽,贏得首獎。

普里姆在程式設計方面的成就，吸引了費爾維尤帕克高中數學科主任艾爾默‧克瑞斯（Elmer Kress）的注意。克瑞斯成了普里姆的導師，允許普里姆使用學校唯一一部終端主機（在其他學生寫作業之外的時間）。隨著普里姆愈來愈精通程式設計，他也學會如何手動用單色輪（monochrome wheel）將圖像數位化，也著手寫了一個能夠在電腦上處理數位圖像的程式。普里姆的電腦圖形之旅就從縮放和旋轉克瑞斯的一張數位照片的簡單操作開始。

首席架構師

考慮要念哪一所大學時，普里姆鎖定三所：麻省理工學院、凱斯西儲大學（Case Western Reserve University）和壬色列理工學院（Rensselaer Polytechnic Institute）。屬意最後一所出於兩大因素：在壬色列教大一課程的是教授，不是助教，而且該校前陣子才宣布將購置一部先進的 IBM 3033 主機，允許大一新生使用。雖然普里姆被三所學校錄取，但一聽到新 IBM 電腦的消息，他最後會選擇哪裡已毋庸置疑。

在壬色列，普里姆完全沉浸在電腦世界。他親手組裝自己的多匯流排電腦，將一部 Intel 8080 處理器連接到兩部 8 吋軟碟機和一部顯示器。當然，他花了很多時間使用大學那部 IBM 3033 主機──它跟房間一樣大，安置在壬色列的沃赫斯計算中心（Voorhees Computer Center），冬天能產生足夠的熱來溫暖整棟大樓。

　　但到了大二那年，父親失業後，普里姆的人生軌跡似乎發生變化。沒有穩定的收入，他的父母再也付不起他的學費。他們向壬色列求助，但該校除了提供校園工程實驗室的工作，無法給予其他直接援助，而普里姆在那裡拿到的薪水遠遠不夠付學費。為了繳交他在壬色列大三、大四的學費，普里姆參加通用汽車（General Motors，GM）贊助的實習計畫：該公司希望更快培養前途看好的工程師晉升管理職。每年夏天，普里姆和他「GM 獎學金」的同學會去不同的組裝廠進行多項專案。有次任務，普里姆為龐帝克菲羅（Pontiac Fiero）車款設計出製造壓模車身面板的機器程式。

　　普里姆在 1982 年拿到電機工程學位後，通用汽車提供他全額獎學金繼續攻讀研究所，條件是之後他得任職該公司。壬色列也邀請他繼續在校擔任研究生等級的圖形研究員。

　　普里姆卻有別的想法。兩年前，加州一對名叫史蒂夫・賈伯斯和史蒂夫・沃茲尼克（Steve Wozniak）的企業家帶領他們的個人電腦（PC）新創公司創下轟動一時的首次公開發行，也在此過程分別賺進 1 億美元。靠著銷售蘋果二代電腦（Apple II），蘋果公司的營收達到近 3 億美元，成為史上成長最快的公司。蘋果二代證明，比起大型主機和小型電腦，個人電腦更小巧、更便宜、更適合生產力與娛樂性用途。個人電腦的崛起，讓像是普里姆這樣的工程師不僅能夠做他們熱愛的事，即製造走在時代尖端的圖形晶片，在這個環境裡還有機會賺到一大筆錢。

　　普里姆決定接受佛蒙特微系統（Vermont Microsystems）的工作。這家硬體新創公司看來趕上創新風潮。它位於壬色列校園北

方伯靈頓（Burlington）市郊的一家舊紡織廠，距離學校約三小時車程。它為電腦製造商製造它自己的插件板（plug-in board），包括顯示卡。在芝加哥的一場商展上，一名 IBM 代表參觀該公司的展位，問佛蒙特微系統能否為 IBM 個人電腦製造專用顯示卡。展位上的業代以新創公司的標準作風回答：當然沒問題。他們沒告訴 IBM 的是，他們正好有一名同事擁有製造這張卡的必要知識和技能，而那個人正是剛畢業、剛獲聘、年僅二十三歲的克蒂斯・普里姆。

一夜之間，普里姆從主任工程師搖身變成那張卡的首席架構師，而那張卡就是 1984 年上市的 IBM 專業圖形處理器（Professional Graphics Controller），即 PGC。相較於更早期 IBM 個人電腦的顯示卡，PGC 的繪圖功能明顯升級。第一代的個人電腦使用單色顯示配接器（Monochrome Display Adapter，MDA）的顯示卡，只能在黑色背景下渲染約 80 字元寬、25 字元高的綠色文本。後來的機型使用彩色圖形配接器（Color Graphics Adapter，CGA），讓個人電腦能夠以最高 640×200 的解析度和最多 16 色的色彩深度來處理獨立圖像單元（畫素）。但工程師想要更多操作空間，也厭倦了這些卡有限的紫、藍、紅的渲染能力。

普里姆的 PGC 比市面上 IBM 其他任何顯示卡的色彩都要豐富、解析度都高：它可同時顯示 256 色和高達 640×480 畫素的解析度。這張卡也可以不靠主要中央處理器（CPU）運行例行繪圖任務，大幅縮短渲染時間。普里姆讓 PGC 適用於 CGA 相容的模式，只在需要時才啟動它的進階功能。

雖然他一開始對這份工作倍感興奮，且重大責任迅速落在

他肩上，但佛蒙特微系統終究不是蘋果。公司聘不到其他優質工
程師，部分原因是不肯給員工股票選擇權或股權（很多新創公司
用這種方式來吸引和留住員工，讓他們即便面臨公司資金可能用
罄的固有風險和壓力，仍保持積極進取）。不管普里姆多努力工
作，不管他做出品質多好的顯示卡，只要他繼續待在那裡，就永
遠不可能像賈伯斯那樣致富。

　　所以他開始將眼光投往西邊的矽谷。他預訂了一趟名為度
假、實為覓職的北加州行程。他一到北加州，沒有去海灘，而是
走進書報攤，買了一份《聖荷西信使報》（*San Jose Mercury News*）
並直接翻到徵才版。在許多新創公司的職缺中，有一個特別吸引
他的視線：GenRad 公司的硬體工程師。GenRad 是當時全球名列
前茅的電路板和微處理器測試設備製造商。那意味多數大型製造
商所使用的最新晶片，GenRad 拿得到最早的版本──這種可能
性讓普里姆難以拒絕。❶ 他去 GenRad 面試被錄用。

　　一回到佛蒙特，普里姆就提出辭呈。他只在佛蒙特微系統工
作兩年，而在那段期間，他成功設計出該公司至今最受矚目的產
品之一。他在公司將第一批顯示卡裝運出貨給 IBM 的同一天離
開。在發表會開場的同時，普里姆走進離職面談，談完被帶往出
口。

　　他不知道的是，GenRad 在他加入之際就已陷入危機。雖然
在 1978 年成功掛牌上市，也掌控了近三成的電子測試市場──
市占率遙遙領先泰瑞達（Teradyne）和惠普（Hewlett-Packard，
HP）❷ 等對手，卻出現一連串管理失策，公司能否生存都成問
題。公司高層砸下重金想強行打入半導體測試市場，結果一敗塗

地。為了打造事業的護城河，高層開始堅持製造商要將其晶片測試業務完全外包給 GenRad，此舉導致公司與 IBM 和漢威聯合（Honeywell）等大客戶出現摩擦。另外，購併 LTX 公司失敗，更使眾人對 GenRad 的領導高層產生信心危機，於是人才大舉出走，令對手得益。普里姆到職不久，GenRad 便直線下墜，無可挽回。在公司經歷兩年混亂後，普里姆委託一家科技業獵人頭公司幫他另謀出路。

名叫韋恩・羅辛（Wayne Rosing）的男子安排普里姆到昇陽電腦面試。昇陽是高階 UNIX 工作站電腦的早期開創者，每部售價數千甚至數萬美元。昇陽是在 1982 年，由三位史丹佛研究生創立：史考特・麥克尼利（Scott McNealy）、安迪・貝托爾斯海姆（Andy Bechtolsheim）、維諾德・柯斯拉（Vinod Khosla）。

羅辛曾任職蘋果公司，負責管理 Lisa 桌上型電腦背後的工程團隊，Lisa 在 1983 年上市時，普里姆正在為 IBM 製作 PGC 顯示卡。Lisa 被寄予厚望，徹底改變桌上型電腦的面貌：它是第一部擁有圖形使用者介面（GUI）而非純文字指令命令行（text-only command line）的大眾市場個人電腦；在其他多數個人電腦完全沒有硬碟儲存空間的年代，它也率先主打 5MB 硬碟儲存空間。但缺乏讓它能與售價相當的工作站電腦競爭的軟體，加上標價近 1 萬美元，使 Lisa 甚至還沒上市就注定失敗。銷售成績令人失望，蘋果雇了一家公司運走它沒賣完的庫存，埋入猶他州一座垃圾掩埋場。不久，羅辛就離開蘋果電腦。

在研發 Lisa 期間，羅辛花了相當多時間評估不同機器的效能。他最欣賞的顯示卡就是普里姆的 PGC。那正是羅辛想要、

Lisa 卻無法取用的配備：Lisa 只能搭配基本的顯示卡、支援解析度 720×364 畫素的單色顯示，效能跟內建 PGC 的 IBM 機器沒得比。加入昇陽後，羅辛發誓要利用日益進步的技術能力來渲染又快又美的彩色圖形。為此，他需要有人幫他設計厲害的圖形晶片，因此他對普里姆很感興趣。

在和普里姆面談時，羅辛問這位年輕工程師能否幫昇陽製作一張像 PGC 那樣的顯示卡，他得到的答覆很簡單扼要：「可以」。

「祕密繪圖」團隊

這與昇陽高層希望羅辛做的事情恰恰相反。當時，昇陽著眼於推出名為 SPARCstation 的新電腦系列。這些是 UNIX 系統的工作站電腦，設計專供特定科學和技術應用所需，尤其是可用於設計橋梁、飛機、機械零件等複雜物體的電腦輔助設計（CAD）和電腦輔助製造（CAM）程式。昇陽相信 CAD 和 CAM 這兩種工具可以讓工業設計遠比手工繪圖更快、更便宜，也更精確。昇陽希望由 SPARCstation 帶領潮流。

昇陽的工程副總裁，也是羅辛的直屬上司伯尼·拉克羅（Bernie Lacroute），相信 SPARCstation 只要以 CPU 執行指令就可以獨霸市場。他指示 SPARCstation 團隊聚焦在改進該裝置的主要處理器，不要管繪圖功能。他滿足於前一代昇陽工作站電腦的繪圖方法——大部分的圖形渲染工作都在 CPU 裡面完成。

羅辛極不苟同。蘋果 Lisa 的經驗告訴他高效繪圖的重要。對

一般的工作站使用者來說，快速運算或大量儲存空間都彌補不了繪圖延遲。他認為 SPARCstation 該配備可渲染百萬畫素和數百種顏色的尖端顯示器。但要做到這點，他必須將圖形處理功能移出CPU，轉到獨立的圖形加速晶片上——就像佛蒙特微系統的 PGC那樣。而他得背著上司做這件事。

所以，當普里姆請羅辛再說清楚一點時，羅辛的答覆幾乎完全不設限。

「克蒂斯，你想做什麼就做什麼，只要能安裝在和前一代工作站電腦相同尺寸的影格緩衝區（frame buffer，SPARCstation 專供圖形處理使用的記憶體）就行，」羅辛說：「只要能裝進那個區域，你在主機板上就有位置了。」❸

這對普里姆（或承接專案的任何工程師）來說，差不多就等於全權處理了。普里姆可以設計和製造任何他想得出來的東西，只要它能在「影格緩衝區」的資料輸送量限制範圍運作就沒問題。

普里姆明白他無法獨力處理這項專案；他需要幫手。幫手沒多久就來了——昇陽電腦從惠普挖來的另一名工程師克里斯·馬拉科夫斯基。兩人共用辦公室，組成一個被稱為「祕密繪圖」的團隊。他們暗中進行一件他們上司的上司不希望任何人去做的事。

我比較想當工程師

不同於他的搭檔，克里斯·馬拉科夫斯基很晚才接觸到電

腦。1959 年 5 月出生在賓夕法尼亞州的艾倫敦（Allentown），雙親分別是婦產科醫師和從職能治療師回歸家庭的主婦，克里斯在紐澤西州的海洋郡（Qcean Township）長大。青少年時他愛上木工，考慮以後當家具師傅，但爸媽推著他往醫學前進。那時，他從沒想過電子學或技術是可能的生涯道路。

他十七歲從高中畢業，進入佛羅里達大學就讀，該校的醫學院和建築管理學院都頗負盛名，且遠離紐澤西酷寒的冬季。此外，該校的醫學預科有獨特的理念：它想給未來醫師廣泛的知識基礎，因此要他們選修生命科學以外的課程。為修滿非生命科學的必修學分，馬拉科夫斯基選修物理學，還在課程的電子學部分拿了 A。他發現工程學對他易如反掌。

這件事他沒放在心上，直到醫學院入學考試（MCAT）的午休時間。當馬拉科夫斯基躺在野餐桌上，仰望佛羅里達的太陽，思索子承父志當醫生的人生。那是他想做一輩子的事嗎？隨時待命，連續工作四、五天沒什麼睡覺？他納悶，「我真的想知道藥罐上所有名稱的意思嗎？」

「不。」他恍然大悟，「我喜歡工程學的玩意兒。我比較想當工程師。」

考完入學考，他返回租處，在路上的 7-ELEVEn 買了一手啤酒，一到家就打給爸媽。

「媽，爸，我有好消息和壞消息要告訴你們。」他說：「好消息是考試沒那麼難。壞消息是我不想當醫生了。」

他等待回應，相信爸媽一定會生氣。但他們卻表現出鬆一口氣的樣子。

「好。」他媽媽說：「反正你從來不讀藥品說明書。我們認為你不會是好醫生。我們覺得你是為了你爸才念的。」

馬拉科夫斯基轉為主修電機工程，帶著優異的成績進入位於加州的惠普公司就職。他最後效力於製造部門，負責生產惠普正在其研發實驗室發展的新款 16 位元小型電腦。

「那對我來說是很棒的經驗，因為那給我機會了解真正的電腦是怎麼製造的，」他說。

雖然很多人大致知道如何設計電腦晶片，卻很少人能夠真正設計出一款可大量生產且獲利的晶片。馬拉科夫斯基剛來到惠普時，發現在惠普製造部門的第一手經驗，可以讓他以實戰的角度來觀察這個產業，其他人似乎很少有這樣的眼光。另外，惠普也是出了名的善於透過其指導及訓練計畫，將年輕工程師培育成訓練有素的老將。馬拉科夫斯基明白，不管接下來有什麼機會，他在惠普的時光會幫他做好準備。

在惠普製造部門待了一陣子後，他獲邀加入公司的研究實驗室開發新晶片。他效力於 HP-1000 小型電腦產品線，學會如何為通訊周邊設備撰寫嵌入式控制軟體。後來，他領導的團隊負責製作 HP-1000 的 CPU，而製造地點就在當年他進惠普開啟事業生涯的同一棟大樓。

除了每天處理 HP-1000 最關鍵的元件，他也在附近的聖塔克拉拉大學修習電腦科學碩士學位。在這晶片和學位兩項計畫雙雙完成後，他和妻子美樂蒂（Melody，兩人在他大學畢業一年後結婚）開始思考要在哪裡建立家庭。

一開始兩人考慮調去惠普在英國布里斯托（Bristol）的海外

分部，但妻子不想搬那麼遠。接著他們考慮東岸。她的家人在北佛羅里達，他爸媽則在紐澤西。這兩地的中點是北卡羅來納的研究三角園區（Research Triangle），坐擁杜克（Duke）和北卡羅來納大學（UNC）這兩所世界級大學，科技巨擘 IBM 和數位設備公司（Digital Equipment Corporation，DEC）也都在那裡設有辦公室。

　　然而，在進行橫貫大陸的遷徙之前，馬拉科夫斯基決定先去其他公司應徵——純粹為練習面試。他的第一個邀約來自伊凡蘇澤蘭電腦公司（Evans and Sutherland Computer Corporation）新成立的超級電腦部。這家電腦圖形公司也以製造供軍事訓練的尖端飛行模擬機而聞名。他立刻被拒絕；面試官認為他過度質疑現狀，覺得他不適合公司（馬拉科夫斯基認為面試官這樣的反應對公司而言不是好兆頭。果然。伊凡蘇澤蘭的第一部超級電腦銷售欠佳，冷戰即將落幕也代表軍事模擬機的需求已經枯竭）。

　　第二次面試練習是在昇陽電腦，他應徵一個負責圖形晶片的非特定職務。雖然馬拉科夫斯基沒有相關經驗，但好奇心驅使他同意和首席工程師克蒂斯・普里姆談談看。結果，原本的行前訓練改變了馬拉科夫斯基的一生——也改變了整個科技業的歷史。

「我們沒事啦」

　　「克蒂斯是那個真正了解電腦圖形的人，」馬拉科夫斯基後來回憶道。「我則是那個動手把它做出來的傢伙。跟我說要做什麼、需要做什麼，我就想辦法做出來。」

　　為了造出羅辛想要（但羅辛的上司不想要）的高品質圖形，普里姆設計了一款被稱為怪物的繪圖加速器。它包含兩個專用的特定應用積體電路（ASIC）：影格緩衝區控制器（FBC），負責高速渲染高解析度影像；以及轉換引擎及游標（TEC），能在使用者操控物體時快速計算物體的運動和方向。普里姆的加速器不同於早期昇陽工作站電腦仰賴 CPU 來進行這些任務，可獨力處理高達 80% 的計算工作量——也就是專用的圖形晶片將負責它最擅長的特定功能組合，CPU 則被釋放出更多空間來處理其他各種它更擅長的任務。

　　理論上，這是好設計，但現在要靠馬拉科夫斯基想出如何讓它成真。不同於惠普，昇陽沒有自己製造晶片。馬拉科夫斯基得仰賴總部在附近聖塔克拉拉的 LSI Logic，那在當時是為硬體製造商客製化 ASIC 的全球領導者。馬拉科夫斯基福星高照：當時 LSI Logic 才引進名為「閘之海」（sea-of-gates）的新型晶片架構，透過這種架構，他們可在一張晶片上安裝超過一萬組閘陣列，是當時無人能出其右的壯舉。儘管 LSI 的原型已夠驚人，普里姆的設計仍需要更大規模的閘陣列才能滿足 SPARCstation 的需求。LSI 高層明白這是擴獲昇陽這個大客戶的機會，同意承攬合約——就算，如馬拉科夫斯基後來指出，他們似乎很緊張，生怕自己交不出貨。

　　為確保普里姆和馬拉科夫斯基能依合約拿到晶片，LSI 派了公司一位明日之星來管理昇陽這個客戶——新聘不久的黃仁勳。

　　「這個負責微處理器的年輕人剛從 AMD 加入他們，」馬拉科夫斯基說：「克蒂斯知道他要什麼，我可以設計，而黃仁勳幫

助我們設想要怎麼做出來。」

於是，這三個人一起研究出讓普里姆的設計得以製造出來的流程。如果碰到問題，每個人就在各自擅長的領域努力解決。但一支為高壓專案埋頭苦幹的小團隊，卻可能引發緊張。

「克蒂斯聰明過人，思維敏捷，」馬拉科夫斯基說：「他提出想法，一下就跳到解決方案，兩者之間沒有路徑可循。我由衷覺得我最大的貢獻是幫助他〔把他的想法〕清楚傳達給別人知道，讓別人能接受。到頭來，我的溝通技巧和我的工程技術一樣重要。」

有時候，溝通會演變成正面衝突。

「克里斯和我會吵得不可開交、沒完沒了。不會動手，但會對彼此咆哮、大吼大叫。」普里姆回憶道：「他會努力從我這裡得到一些關於晶片的決定，而當我跟他說完他想知道的，我還會繼續講、一直講，因為我就是沒辦法冷靜下來。然後克里斯會說：『好了，好了，我們講完了，你已經給我答案了。』」

然後普里姆會衝出辦公室，而剩下的團隊成員——當時包含兩名硬體工程師湯姆·韋伯（Tom Webber）和維特斯·梁（Vitus Leung）——會驚恐地望著馬拉科夫斯基。最後，會有人忍不住問，團隊現在是不是要解散了。

「我們沒事啦，」馬拉科夫斯基總是這樣回答。

黃仁勳也在這些爆炸性爭吵中看到更多希望而非危機。他說這些是「磨劍」的範例。就像劍必須遇到碾磨的阻力才能變鋒利，最好的構想總是來自激烈的辯論和爭執，就算你來我往可能令人不快。就這樣，他已經學會欣然接受而非迴避衝突——這個

課題之後將成為他在輝達的哲學。

　　「我們弄壞了 LSI Logic 標準組合裡的每一項工具，」馬拉科夫斯基回憶道：「黃仁勳夠聰明也夠精明，會說：『聽著，這些問題我會在後端解決。你們可以忽視。另外這些問題你們最好解決掉，因為我不知道自己有沒有辦法處理。』」

　　1989 年，這三個人終於確定昇陽新款繪圖加速器的規格。FBC 需要 4.3 萬道閘門和 17 萬個電晶體才能正確執行工作；TEC 則需要 2.5 萬道閘門和 21.2 萬個電晶體。它們將一起安裝在一個繪圖加速器上，而那將封裝成「GX 繪圖引擎」——簡稱 GX。

　　正當這支「祕密繪圖」團隊準備發表新晶片時，他們又獲得新的助力。伯尼・拉克羅，也就是那位不過幾年前仍嫌惡圖形晶片的執行長，最近問韋恩・羅辛有沒有聽從他的命令，別花心力在提升 SPARCstation 的繪圖功能。羅辛給他否定的答覆。

　　「那就好，」拉克羅說。❹

模擬駕駛噴射戰鬥機

　　GX 起初作為選配，昇陽會向顧客多收兩千美元。GX 能讓顯示器上的一切運作得更快：2D 的幾何學、3D 的線框圖（wireframing），甚至是平凡如捲動瀏覽文字行的工作，有 GX 加速器都比沒有來得快又好。

　　「第一次，或許是史上第一次，在視窗系統捲動文字的速度可以比你看的速度快了。」普里姆說：「那讓你可以往上、往下捲一大篇文章而不會看到 FBC 的實際繪圖過程。」

　　但 GX 繪圖的最佳展現是普里姆閒暇之餘創作的一款遊戲。早在效力佛蒙特微系統時，他已著手創作一款以「A-10 疣豬」（A-10 Warthog，即 Thunderbolt II：雷霆二式攻擊機）為主角的飛行模擬遊戲。一個疣豬中隊就駐紮在附近的伯靈頓佛蒙特空軍防衛基地。下班後，他會把車停在基地跑道的盡頭，看噴射機起飛。他撰寫模擬機程式是為了讓自己更貼近 A-10；那原本要讓他在一場純屬想像的冷戰衝突中駕駛 A-10，扮演「坦克剋星」角色。但他的個人電腦是 Atari 800，卻沒有足夠的圖形處理能力來渲染 A-10 飛行時的複雜物理現象。他始終沒有完成那款遊戲。事實上，當時市場上沒有哪一張顯示卡能讓普里姆設想的遊戲變為現實。

　　直到有 GX 加持的 SPARCstation 問世。史上第一次，逼真的飛行模擬有可能實現。普里姆用六折的員工價（等於省下好幾千美元）買下一部工作站電腦。在每週平日工作六十小時後，他會回家重新埋首寫他的新模擬機程式，而他可以充分利用新 GX 晶片的優勢。最後，他實現夢想，寫完遊戲——他取名為《飛行員》（*Aviator*）。

　　《飛行員》把玩家放進高效能 F/A-18 噴射戰鬥機的駕駛艙，並讓他們與其他 F/A-18 戰機空中纏鬥，而不是 A-10。遊戲也完全仿造 F/A-18 的武器，包括響尾蛇（Sidewinder）飛彈、槍砲和炸彈。普里姆逼真地渲染《飛行員》的戰場，購買衛星資料來確保海拔和地貌輪廓符合現實，並增添紋理貼圖（texture-mapped graphics）。他甚至設計了硬體裝置轉接器，讓昇陽工作站電腦也能使用 PC 相容的搖桿，玩家就不必用鍵盤來控制虛擬

飛機了。

　　對於這款遊戲，普里姆有個商業夥伴：布魯斯・費克特（Bruce Factor），他在昇陽行銷部工作，答應處理銷售和行銷事宜。費克特很快發現《飛行員》不只能打發時間——還能幫昇陽提升工作站銷量。這款遊戲將 GX 的繪圖能力展現得淋漓盡致：在當時多數 PC 遊戲頂多呈現 320×200 畫素之際，《飛行員》以高解析度（1,280×1,024 畫素）和 256 色執行。《飛行員》也允許有多部連線的昇陽工作站的客戶實時對戰——運用昇陽最新的「群播」（multicasting）協定，這是一種早期的區域網路（local area network，LAN），預示了 1990 至 2000 年代的區域網路狂歡熱潮。

　　普里姆和費克特免費贈送《飛行員》給昇陽電腦的每一個經銷點。公司業代會用它來展現電腦的強大性能，常多買幾片當贈品送給工作站電腦的顧客。

　　「我充分利用了那種硬體一點一滴的效能，」普里姆說：「《飛行員》變得相當重要。昇陽電腦銷售團隊用它來展現標準工作站效能的效果最棒。」

　　《飛行員》在 1991 年正式公開銷售。它在電腦圖形大會（Special Interest Group on Computer Graphics and Interactive Techniques，SIGGRAPH）的年度大會公開展示。在那場商展，普里姆和費克特用十一部工作站電腦組成網路，讓出席者現場試玩、相互對戰。

　　開發《飛行員》的過程教給普里姆一些遊戲設計以外的重要課題。遊戲上市不到兩天，就被一名昇陽員工「駭」了，讓人們

不必付錢買正版就可以玩。為防止未來又被「駭」，普里姆推出新的版本：如果偵測到程式碼有任何更改，遊戲就會自動禁用，並把試著剽竊軟體的使用者 email 給他。後來，普里姆將類似的私密金鑰加密（private-key encryption）技術納入他在輝達的第一次晶片設計。

　　在作為附加選項熱賣幾年後，GX 晶片成為每一部昇陽工作站的標準配備。它的成功推升了普里姆和馬拉科夫斯基的事業，兩人成為圖形架構師，也有了自己的團隊，名喚「低端圖形選項」（Low End Graphics Option）小組。在此同時，LSI 對晶片的押注也獲得豐厚回報：營業額從 1987 年的 2.62 億美元成長到 1990 年的 6.56 美元，而這部分當歸功於 GX 熱銷，就算它已調降每單位的定價，從最早雙晶片版本的近 375 美元降至單晶片版本的 105 美元。黃仁勳也晉升為 LSI 的 CoreWare 部總監，負責運用可重複使用的智慧財產和設計資料庫為第三方硬體供應商客製晶片。

「我們幹嘛為他人作嫁？」

　　奇怪的是，GX 的成功對昇陽電腦卻產生反效果。1990 年代初期，昇陽已不再是當年那個敏捷、類似新創公司，能給予羅辛、普里姆和馬拉科夫斯基獨立自主空間，可以恣意發揮技術長才的環境。現在的公司文化愈來愈官僚，管得愈來愈多，因此愈來愈遲緩。專案團隊不再競相提出最創新的構想；反而競相製作 PPT 簡報來獲取最多高階主管青睞。簡單說，昇陽電腦變得政治

化了。

　　這不是馬拉科夫斯基或普里姆想待的環境。普里姆尤其受不了那種「破壞或扼殺其他專案比想出更好的技術還容易」的文化。他只想做出好的圖形晶片，對公司內部鬥爭毫無興趣。

　　隨著一輪又一輪的新提案——其中很多在簡報上看起來不賴，卻在技術或經濟上行不通——在這一季獲得批准，下一季就逐步停擺，昇陽的新晶片設計發表戛然而止。

　　「連著兩年，那棟大樓沒產出任何東西，」馬拉科夫斯基說：「我猜想那是因為他們到目前為止非常成功，因此更專注於保護既有成就，而非追求更多成就。公司陷入對失敗的恐懼之中，不再積極進取。」

　　更糟的是，昇陽還試圖敗壞普里姆和馬拉科夫斯基用 GX 造就的進展。有次提案會上，普里姆的團隊提出新一代的繪圖加速器，打算採用韓國晶片製造商三星（Samsung）的尖端視訊記憶體技術。但普里姆敗給對手提摩西・范霍克（Timothy Van Hook），范霍克認為要徹底發揮昇陽工作站的效能，最好的方法是派給 CPU 更多高階的 3D 繪圖功能，而非仰賴一塊專用的圖形晶片。❺ 普里姆從技術角度判斷這個主意行不通。但這無關緊要，因為范霍克擁有一項普里姆沒有的優勢：昇陽共同創辦人安迪・貝托爾斯海姆會聽他的。缺乏那種層級的內部支持，普里姆知道他跟他的團隊一點機會也沒有。

　　「安迪過來告訴我，我們的產品線已經走入死胡同，」普里姆說。

　　他隨即明白，他在昇陽的日子也所剩無幾。謠言四起：昇陽

領導階層想解散他的團隊、炒他魷魚、把馬拉科夫斯基調去另一項晶片專案。過去六年都跟普里姆並肩工作，馬拉科夫斯基很生氣，他的朋友，同時也是公司才能頂尖的工程師，居然遭受這般對待。

「克里斯知道我經歷的每一場鬥爭，我如何承受昇陽管理階層的連番重擊，」普里姆說：「他佩服我接下所有背後射來的冷箭。我好幾次被圖形部門副總裁痛罵，跟人資一起走過重重建築去公園，邊走邊哭。那太粗暴了。」

貝托爾斯海姆選了范霍克的構想，讓這兩人再也忍無可忍：在這家他們看來愈來愈失能的公司，他們用 GX 創造出的成就，如今一點意義也沒有了。

「我們明白時間有限，而我們兩個都不想再為昇陽效力了，」普里姆說。他們心底已經有新的規畫：被昇陽領導階層捨棄的新一代加速器晶片，他們要讓它死灰復燃。

「我們何不直接幫三星打造一款示範晶片呢？」普里姆問馬拉科夫斯基。「我們這就去當顧問，向他們展示他們致力打造的這款新記憶裝置的價值多高。」

馬拉科夫斯基認為這主意聽起來挺好的。他們知道怎麼製作晶片，也知道他們有製造好晶片的計畫。但這個優勢也可能變成累贅：在高風險、市值數十億美元的半導體世界，如果從一對工程師身上偷取某個構想能帶來一丁點競爭優勢，任何公司都會馬上下手。除非他們有個商業頭腦可以媲美他們精湛技術的搭檔，否則他們寧可不要自找麻煩。

這時馬拉科夫斯基又想到一個點子。

　　「我們有認識人！」他後來回憶道。「我們有認識這麼一個人，跟我們交情不錯，而且已經轉入技術授權領域，為別人打造晶片系統。所以，我們找上黃仁勳。」

　　馬拉科夫斯基和普里姆請黃仁勳協助撰寫和三星合作的契約。於是這三人開起會，構思和這家韓國公司打交道的商業策略。然後有一天，黃仁勳說：「我們幹嘛為他人作嫁？」❻

第 3 章

輝達誕生

克蒂斯・普里姆和克里斯・馬拉科夫斯基開創圖形晶片事業的想法來得正是時候。1992 年，硬體和軟體的兩大進展讓世人對優質顯示卡的需求大增。其一是電腦產業採用周邊元件互連匯流排（Peripheral Component Interconnect〔PCI〕bus），這種硬體連結會在擴充卡（例如繪圖加速器）、主機板和 CPU 之間傳輸資料，其頻寬遠高於先前所用的工業標準結構匯流排（Industry Standard Architecture〔ISA〕bus）。設計高效能卡的過程將變得容易許多，相關產品的市場也會比之前大得多。

第二項發展是微軟推出 Windows 3.1，而其目的就是為了展現最先進的電腦圖形功能。它引進 TrueType 字型，能在所有微軟程式顯示畫素精確的文字，也透過最新的「音訊視訊交錯」（Audio Video Interleave，AVI）視訊編碼格式支援高品質的影音播放。最重要的是，它並未隱藏這些發展。有燦爛耀眼的螢幕保護程式、自訂使用者介面，又不斷提示使用 Windows 媒體播放器

（Windows Media Player），這個作業系統高調炫耀它高超的繪圖本領。Windows 3.1 於 1992 年 4 月 6 日上市，三個月就賣了將近三百萬份，證明市場對於能夠充分利用 PC 持續精進的繪圖能力的程式，有著強烈需求。

普里姆和馬拉科夫斯基判定，對他們的新創事業而言，機會最好的是 PC 市場，而非工作站市場。他們想到普里姆的飛行模擬遊戲，打算讓每位擁有個人電腦的玩家都玩得到——而非只限能在工作中接觸到昇陽電腦的人。如同他們在昇陽時一樣，普里姆和馬拉科夫斯基不會自己製造晶片或電路板，以壓低成本。他們全神貫注於設計最好的晶片，把生產外包給已經擁有昂貴生產基礎設施的半導體公司。

儘管如此，普里姆仍不知道他們要怎麼跟對手競爭。「我知道克里斯很好，我也很好，但我不知道我們跟世界其他人比起來算不算好，」他說。

昇陽的電腦已經有類似 Windows 的圖形介面，而運作 Windows 的個人電腦很快就需要支援類似的多視窗作業系統環境，而普里姆和馬拉科夫斯基已經設計過這個功能。他們知道他們的技術在 PC 市場彌足珍貴。

「你必須在開著十個視窗的情況下做各種安全維護和抽象處理，」馬拉科夫斯基說：「這些是先前 PC 不必處理的事，因為先前 PC 是用 DOS 環境，而那基本上占據了整個螢幕。」

1992 年底，普里姆、馬拉科夫斯基和黃仁勳經常在東聖荷西議會大道（Capitol Ave.）和貝里薩路（Berryessa Rd.）交叉口的丹尼餐廳碰面，思考如何將他們的想法轉變成商業計畫。

「我們就去那邊，點無限暢飲的咖啡，然後工作四個鐘頭，」馬拉科夫斯基說。❶

普里姆記得他吃了一大堆丹尼餐廳的派和「大滿貫」早餐──兩塊酪奶鬆餅加蛋、培根和臘腸。黃仁勳不記得他通常點什麼，不過他猜想很可能是「超級鳥」三明治──火雞肉、融化的瑞士乳酪、番茄，還有他最愛的加點：培根。❷

但兩人仍需要說服黃仁勳離職。他一邊吃東西，一邊連珠砲似地問克蒂斯和克里斯關於「機會有多大」的問題。

「PC 市場有多大？」黃仁勳問。

「很大，」他們回答。這是事實，但顯然不夠詳盡，無法讓黃仁勳滿意。

「我和克里斯就坐在那裡看著黃仁勳，」普里姆說。黃仁勳持續分析 PC 市場和潛在競爭對手。他相信自己開的新公司有立足之地，但在他覺得商業模式合理可行之前，不想離開現職。他很感謝克里斯和克蒂斯不知怎地覺得他很重要，就算他記得當時他想：「我熱愛我的工作、你們討厭你們的工作。我幹得很好，你們做得很爛。我到底憑什麼要離職加入你們？」

他告訴他們，如果他們有辦法證明自己開公司最終可以達到年銷售額 5,000 萬美元，他就加入他們。

黃仁勳深情回想當年在丹尼餐廳的長時間對話。「克里斯和克蒂斯是我遇過最聰慧的兩位工程師兼電腦科學家，」他說。❸「成功通常和幸運脫不了關係，而我的幸運就是遇到他們。」

最後，黃仁勳判定營收 5,000 萬美元是可能的。本身就愛打電動的他很有信心，電玩市場將蓬勃發展。

　　「我們是在電玩世代長大的，」他說：❹「電玩和電腦遊戲的娛樂價值，對我來說非常明顯。」

　　接下來的問題是，誰要開第一槍。普里姆準備好了──反正看昇陽目前的狀況，他幾個月內就得離開公司。但黃仁勳的妻子洛麗希望丈夫等馬拉科夫斯基也離開昇陽後再離開 LSI ──而馬拉科夫斯基的妻子美樂蒂不希望丈夫在黃仁勳承諾前離開昇陽。

　　1992 年 12 月，普里姆逼他們就範。他向昇陽提出離職信，12 月 31 日生效。隔天，他一個人在家中成立新公司，「只是宣布開始而已，」他後來回憶道。

　　就連這句話都有點誇大其辭了。普里姆沒有給公司命名。他沒有資金，沒有員工。甚至連馬拉科夫斯基或黃仁勳都還沒加入。他只有一個構想──以及對朋友的一些影響力。

　　「我給他們兩個壓力，說不能放克蒂斯孤軍奮戰。」普里姆說他簡直在情緒勒索。「我希望他們兩個聯合起來，因為克蒂斯離職了，他們也得離職。因為他們是同時辭職，他們妻子的要求便迎刃而解，我們就此確定組成一支團隊。」

　　馬拉科夫斯基答應在昇陽電腦待到他的最後一個專案拍板定案：GX 系列的最新升級。當他的工程師證實晶片百分之百完美，他便非常自在地宣布自己在昇陽的最後一天是 1993 年 3 月初。

　　「好的工程師不會拋下自己的責任就離開，」他說。

　　好的工程師也不會不帶自己的工具離開。離開前，馬拉科夫斯基請求帶走他的昇陽工作站電腦去創業。當時仍是他上司的韋恩・羅辛同意了，於是，在離職前最後幾天，馬拉科夫斯基盡他

所能幫他裝置裡的零組件升級。

「那升級成最大的記憶體、最大的磁碟機、最大的顯示器，」普里姆說。

黃仁勳也想跟 LSI 好聚好散。1993 年的頭六個星期，他忙著將他的專案分配給公司裡的其他負責人。他在 2 月 17 日正式加入普里姆，那天，正好是黃仁勳三十歲生日。

充滿吸引力的提議

羅辛認為他的得意門生普里姆犯下大錯。1 月，當普里姆還在「孤軍奮戰」時，羅辛邀請這位前工程師去一個外部地點，那裡有數名昇陽員工正在進行一項祕密專案。讓普里姆簽下保密協議後，羅辛透露昇陽正在創造一種新的通用程式語言（最終成為 Java）。雖然這項專案一開始前途看好，但羅辛認為它跑得太慢而無法發揮效用。他問普里姆有沒有興趣設計一款新的晶片來減輕 CPU 的處理負荷，加速這種新語言的執行。

普里姆動心了，尤其那時他還不確定黃仁勳和馬拉科夫斯基會不會實現承諾，跟他一起創業。「假如我說好，我的事業生涯就會走上截然不同的道路。」

雖然他認真考慮羅辛的提議，但他實在對設計 CPU 不感興趣，反倒一想到能和朋友一起設計他自己的圖形晶片就欣喜若狂──就算那必須承擔巨大的風險。他拒絕了羅辛的提議。

羅辛不死心，2 月又試一遍。這一次，他不是試著把其中一人從其他人身邊帶走。他三個都要。他提議將昇陽的專利組合全

部授權給他們的新創公司，包括普里姆和馬拉科夫斯基先前設計過的所有 GX 晶片，條件是他們要同意讓新晶片與昇陽的 GX 繪圖引擎和 IBM 的 PC 相容。

聽了羅辛的提議，三個人到昇陽廠區的停車場討論決定。普里姆考量了提案所有的影響，宣布它「很有意思」。這次合作將讓他們立刻擁有一個有品牌的大客戶，也可以保護他們不會被前雇主指控侵害版權。但壞處就是這項協議將迫使他們減少投入 PC 市場的時間和資源，偏偏在他們看來，PC 市場才是真正機會所在。他們甚至沒把握能夠造出同時適用於昇陽和 PC 平台的晶片。三人同意拒絕羅辛的提議，自立門戶。

在那次停車場的討論中，普里姆透露他心底已經有新款 PC 繪圖加速器的基本規格了。那將比他和馬拉科夫斯基在昇陽製作的 GX 晶片擁有更多色彩、要使用更大的影格緩衝區。在很多方面，那將是他倆合作六年的 GX 晶片的升級版。他指出，微軟將他們的新作業系統命名為「Windows NT」，「NT」意指「next technology」（下一代技術），所以他想給那塊晶片取名為「GX Next Version」（下一版的 GX），簡稱「GXNV」。

那聽起來很像「GX envy」（envy 為嫉妒之意），而嫉妒 GX 的情緒在昇陽工作站電腦的競爭對手間十分常見。普里姆聽過很多對手的故事，例如數位設備公司——它的顧客被配備 GX 圖形晶片和《飛行員》遊戲的昇陽銷售團隊搶走了。「GXNV」這個名字暗示他們決心再次取得成功——而這次是按照他們自己的方式做。

為強調與過去一刀兩斷（也可能是為了避免最輕微的侵權

嫌疑），黃仁勳要普里姆「放下 GX」。於是他們的新晶片就叫
「NV1」。

嫉妒 Nvidia

　　這三位共同創辦人開始在聖荷西佛利蒙（Fremont）市郊的
連棟房屋工作，除了一個願景和馬拉科夫斯基的昇陽工作站電
腦，幾乎什麼都沒有。普里姆清空了他臥室以外的每個房間，把
所有家具搬到車庫，擺了大型摺疊桌放置他們所有設備。頭幾個
禮拜，他們沒什麼事幹，這三個人就每天聚在一起聊食物。

　　「你們昨天晚上在做什麼？晚餐吃什麼？」黃仁勳記得那時
他們會這樣互相打招呼。一天的大事是決定午餐要吃什麼。「聽
起來很可憐，卻是事實。」

　　過了一陣子，他們決定第一次正式採購硬體，訂了一部捷威
科技（Gateway 2000）製造、與 IBM 相容的 PC。捷威是走郵購
的電腦製造商，以用黑白乳牛圖案的箱子寄送設備而聞名。貨一
到，拿出來的機器卻完全讓普里姆和馬拉科夫斯基摸不著頭緒，
因為到那時為止，他們的事業生涯都專注在昇陽電腦的硬體和軟
體上。

　　「我們不是 PC 人，」馬拉科夫斯基說。「說來好笑，我們
都要占領 PC 市場了，卻對 PC 一無所知。」

　　所幸，他們沒有孤立無援太久。隨著這三位創辦人創業的消
息不脛而走，有好幾位昇陽電腦的資深工程師辭職加入這間剛起
步的新創公司。早期兩大關鍵成員是前 GX 團隊的軟體程式設計

師布魯斯・麥金泰爾（Bruce McIntyre）；以及晶片架構師大衛・羅森塔爾（David Rosenthal），他之後將成為這家新創公司的首席科學家。

「我不敢相信有這麼多優秀的人加入我們。我們有十二個人做無薪的工作，」普里姆說：「我們一直要到 6 月拿到第一筆資金，才付他們薪水。」

麥金泰爾和普里姆拿了一塊昇陽 GX 圖形晶片，連上可以插入捷威電腦的電路板。硬體介面很簡單；軟體整合就難多了。微軟作業系統無法理解昇陽硬體處理指令的方式。他們花了整整一個月改寫程式，才讓 GX 的圖形暫存器能夠和 Windows 3.1 相容，這支團隊最終解決了問題。毫無意外，他們移轉到 Windows 的第一個遊戲就是普里姆《飛行員》的最新版本：他們改名為《第五區》（Zone5）。

現在，這家新創公司有一批員工，也有可示範的產品。它只需要一個正式的名稱，讓它可以合法成立公司。普里姆已經寫下一份選項清單。一個早期領先者是「原始圖形」（Primal Graphics），聽起來很酷，且結合了兩位創辦人姓氏的前三個字母：普里姆的「PRI」和馬拉科夫斯基的「MAL」。其他人很喜歡，但三人團隊覺得，為公平起見，那也必須包含黃仁勳的名字。可惜，這就讓大夥兒想不出聽來吸引人的名字了：其他候選者包括 Huaprimal、Prihuamal 和 Malhuapri。合併名字的想法被放棄了。

普里姆列出的其他選項，多數包含「NV」——指他們計畫中的第一塊晶片設計。這些名字包括 iNVention、eNVironment 和

iNVision ——都是那種早就有其他公司挑來當品牌的日常用字，例如一家衛生紙公司已為其環境永續產品線註冊「Envision」作為商標。還有個名字則太像一種全自動電腦馬桶的品牌。「這些名字都臭掉了，」普里姆說。

　　碩果僅存的選項是「Invidia」，是普里姆在找「envy」的拉丁字發現的——某種意義上也是回憶他們研發 GX 的成就；他和馬拉科夫斯基都相信，他們的對手，包括昇陽內部和外面的對手，都嫉妒他們的成就。

　　「我們捨掉『I』，採用『Nvidia』來紀念我們正在研發的 NV1 晶片，」普里姆說：「也暗自希望有朝一日『Nvidia』會成為人家嫉妒的對象。」

　　決定好名稱，黃仁勳便出馬找律師，選了效力於科律律師事務所（Cooley Godward）的詹姆斯・蓋德（James Gaither）。這間事務所規模中等，旗下律師不到五十名，卻已為自己開闢了一個利基市場，成為早期矽谷新創企業的首選事務所。和黃仁勳第一次碰面時，蓋德問他口袋裡有多少錢。黃仁勳說 200 美元。

　　「交出來。」蓋德說。然後他告訴黃仁勳，現在他是輝達的大股東了。

　　輝達的公司註冊文件給予三位共同創辦人每人相等的所有權。所以黃仁勳回到連棟房屋，要他的共同創辦人每人投資 200 美元「買下」屬於他們的公司股份。

　　「那是筆划算的交易，」黃仁勳後來評論道，一如既往地用平淡語氣開玩笑。

　　1993 年 4 月 5 日，輝達正式誕生。同一天，普里姆開車到車

輛管理局選定專屬牌照來滿足虛榮：NVIDIA。

「我可以投資嗎？」

輝達能否活下去的第一個考驗迫在眉睫：找資金。1993 年，創業投資的產業規模比今天小得多。矽谷的創投公司（和現在一樣多數設在帕羅奧圖〔Palo Alto〕的沙丘路〔Sand Hill Road〕），只占全美總創業投資的 20%，還要跟設在波士頓和紐約的公司競爭。就美國經濟而言，整個創投產業實為利基產業，每年支出僅略超過 10 億美元（換算成今日幣值近 20 億美元）。❺ 今天，灣區創投公司（Bay Area VC）主宰這個產業，美國每年有 1,700 億美元資金，有半數以上是灣區投資公司來分配。

不過關於創業投資，有兩件事情始終不變。首先是創業已有營收的創辦人，在自我推銷方面遠比還沒有產品上市的新創公司來得容易——在 1990 年代初期尤其如此，當時對草創公司的投資興趣創下十年新低。第二件事情是，一如商業世界裡的很多事情，成功既仰賴一個人的業務實力，也取決於一個人認識誰。在輝達的例子，創辦人的人脈廣到足以彌補公司不存在的收益流。

黃仁勳跟 LSI Logic 好聚好散的決定，立刻在輝達籌募基金的過程獲得回報。當他提出辭呈時，他的經理馬上帶他去找 LSI 的執行長威佛瑞德・柯里根（Wilfred Corrigan）。這位英國工程師開創了好幾項沿用至今的半導體製程和設計原則，全公司都叫他「威佛」（Wilf）。黃仁勳的經理希望「威佛」和他一起說服年輕的黃仁勳留下來，但柯里根聽完黃仁勳對新一代圖形晶片的

願景，卻問他這個問題：「我可以投資嗎？」❻

　　柯里根拷問黃仁勳新公司的潛在市場和策略定位：「誰會玩遊戲？」「舉個遊戲公司的例子。」黃仁勳回應，如果他們打造出技術，就會有更多遊戲公司成立。現有的公司，例如 S3 和邁創（Matrox Graphics），基本上是製造 2D 加速顯示卡，配備 3D 圖形的遊戲才剛起飛。

　　儘管如此，柯里根仍對黃仁勳的事業能否活下去表示懷疑。

　　「你很快就會回來的，」柯里根告訴他，「你的座位我會留著。」

　　然而，柯里根答應把黃仁勳介紹給紅杉資本（Sequoia Capital）的唐・瓦倫丁（Don Valentine）。瓦倫丁早在 1982 年就投資 LSI Logic，在一年後該公司上市時贏得豐厚報酬。他對其他科技公司的投資獲得更大收益，例如雅達利、思科（Cisco）和蘋果。1990 年代初，他被公認為「全世界最厲害的創業投資家」。❼

　　雖然柯里根對輝達的前景有疑慮，但他對黃仁勳本人則毫不懷疑。當他和黃仁勳聊完，打電話給瓦倫丁時，他沒有推銷黃仁勳的創業構想；他推薦黃仁勳這個人。

　　「嘿，老唐，」他說：「我們有個小伙子即將離開 LSI Logic，想自己開公司。他真的很聰明，真的很不錯。你們該仔細看看他。」❽ 瓦倫丁答應見見黃仁勳、普里姆及馬拉科夫斯基，請一位初級合夥人約定在 5 月底會面。在這段期間，他們可以隨意向其他潛在投資人推銷自己。

　　4 月中，就在輝達成立公司幾週後，三位創辦人拜訪蘋果公司總部討論麥金塔系列的繪圖需求。那場會議一無所獲。

　　三個星期後，他們拜訪另一家創投公司凱鵬華盈（Kleiner Perkins Caufield & Byers）。該公司和紅杉一樣是在 1970 年代起家，也揮出一連串投資全壘打。其中包括美國線上（America Online）、基因泰克（Genentech）和昇陽電腦：昇陽就是這家創投公司吸引輝達創辦人注意的原因。那次會議上，凱鵬華盈一位合夥人著眼於電路板的話題，堅持輝達必須自己製造電路板。輝達的計畫是只設計圖形晶片，交由別人製造，然後把晶片賣給合作的電路板業者，由該業者安裝在顯示卡上，再賣給 PC 製造商。

　　那位合夥人的堅持在馬拉科夫斯基看來毫無道理。「我們為什麼要競爭電阻器的蠅頭小利？」他問：「我的意思是，我們又沒有那方面的專業。我們要忠於我們擅長的，不是你的就不是你的。」

　　這一部分是新創公司創辦人典型（有時也是必要）的自信，但也有一部分是馬拉科夫斯基再次展現務實的本性。儘管雄心勃勃要占領 PC 圖形市場，輝達必須將資源投注於最好的一個機會，而非多頭馬車追逐所有可能的機會。這就是他們當初拒絕韋恩・羅辛提議的原因（即製造同時可用於昇陽工作站又和 IBM 相容 PC 的晶片）。現在，這意味他們沒辦法跟凱鵬華盈談下去。

　　接下來和薩特山創投公司（Sutter Hill Ventures）的會議進行得比較順利。再一次，三名創辦人先前的人脈讓他們不至於無人聞問。薩特山也有投資 LSI Logic，也跟威佛・柯里根打聽過黃仁勳。柯里根也跟先前給唐・瓦倫丁一樣，提供熱情的背書。但薩特山已經投資其他圖形公司了，也懷疑一家新創公司在他們認

為競爭極度激烈且已高度商品化的市場，是否真能脫穎而出。唯一對輝達深感興趣的合夥人是幾年前才加入公司的廷奇・寇克斯（Tench Coxe）。

「那筆交易備受爭議，」寇克斯回憶道：「薩特山有五個人合夥，而我是裡面最嫩的。」

寇克斯對這三位創辦人印象深刻。他已經得到柯里根對黃仁勳的背書。在會議上，他仔細探詢普里姆和馬拉科夫斯基的專業知識，很驚訝他們對於 3D 圖形和電腦作業系統的認識如此淵博。

薩特山會議進行順利，對於兩天後的重大考驗似乎是好兆頭：他們要去紅杉向唐・瓦倫丁推銷。雖然輝達還沒有自己的專利晶片可以展示，但可以拿出他們破解的昇陽 GX 顯示卡，該顯示卡可配合他們的捷威 PC，作為概念驗證。那時那塊晶片已經是四年前的版本了，但性能仍遠勝市面上任何 Windows 顯示卡。為證明這點，他們要玩二十分鐘的《第五區》，並選擇不在標準顯示器，而是透過另一家新創公司製造的早期虛擬實境頭戴式裝置進行示範。他們相信光靠那令人眼花撩亂的圖形，就足以讓他們推銷成功。

輝達團隊不知道的是，瓦倫丁**恨透了**產品示範。這位紅杉創辦人看過夠多場推銷，深知創業家喜歡炫耀他們的技術，而且總是表現得精采絕倫。但他相信，比炫目產品更重要的，是真正了解產品的潛在市場和競爭優勢。輝達創辦人陷進他們自己設下的陷阱了。

三位創辦人來到紅杉位於沙丘路的辦公室，由剛晉升初級合

夥人的馬克・史帝芬斯（Mark Stevens）接見。他之前在英特爾
（Intel）工作，現在則是該公司的半導體專家。他帶他們來到一
間昏暗、鑲了木板的會議室，讓他們進行示範。示範完畢，瓦倫
丁隨即轉換成他喜歡的風格來評估新創公司：連珠砲般接連丟出
一長串問題，不僅考驗創辦人的專業，也要看看他們在壓力下表
現如何。馬拉科夫斯基後來把那比作瓦倫丁「庭審」。

「你們**是**什麼？」瓦倫丁問三位創辦人，「你們是遊戲機公
司？是繪圖公司？音訊公司？你們得選一個。」

普里姆愣了一下，然後衝口而出，「我們全部都是。」

然後他展開詳盡又深入的技術解釋，說明他們可以如何把瓦
倫丁問到的所有特色整合成單一晶片。雖然關於 NV1 的潛力，
普里姆沒有半句虛言，但他慌張之下的回應太艱澀，只有工程師
能理解。對普里姆來說，這項計畫體現了他們的企圖心和專業：
他們有能力研發一塊可同時因應多個不同市場的晶片，有能力在
不必大幅增加工程複雜度的情況下，擴展那塊晶片的潛力。然
而，對瓦倫丁來說，那聽起來像普里姆仍猶疑不定。

「選一個。」他說：「否則你們一定會失敗，因為你們不知
道自己是誰。」

接著瓦倫丁問十年後輝達會在哪裡。普里姆回答：「我們
會擁有 1/0 架構。」這又是以工程師的語彙回答商業問題。普里
姆的意思是他認為輝達未來幾代的晶片不僅能加快繪圖速度，還
能提升電腦板的其他作業，如聲音、遊戲埠和網路連結。然而再
一次，紅杉資本沒有人聽得懂他在講什麼。據馬拉科夫斯基的說
法，連他的共同創辦人都有點莫名其妙。

　　史帝芬斯加進來，把對話引到比較實際的層次。他問，輝達希望由誰來製造他們的晶片？三位創辦人回答他們計畫找歐洲的義法半導體公司（SGS-Thomson）——它才剛透過大砍成本和將製造外包給新加坡和馬來西亞逃過破產的命運。聽到這裡，瓦倫丁和史帝芬斯互望一眼，搖搖頭。他們希望輝達和聲譽較佳的台灣積體電路製造公司（台積電）合作。

　　黃仁勳企圖把對話拉回瓦倫丁喜歡的市場定位和策略主題，但現在就連他也被槍林彈雨般的提問，以及輝達團隊似乎無法就任何問題給出滿意答案的事實，弄得焦頭爛額。會議結束，紅杉沒有給出任何承諾。

　　「那場推銷，我做得爛透了，」黃仁勳說，為整場表現擔起責任，「我沒辦法解釋我在做什麼，我為誰做那樣東西，以及憑什麼成功。」

　　會後，瓦倫丁和史帝芬斯討論他們剛才聽到的內容。他們同意這三位創辦人聰明絕頂，把 3D 圖形引入 PC 平台的願景也有希望。雖然他們本身並不是遊戲玩家，紅杉卻投資了軟體電腦遊戲發行商美商藝電（Electronic Arts）：那家公司最近才掛牌上市，幫紅杉賺到錢。他們也投資了 S3：主要生產 2D 繪圖加速器晶片，而輝達的創辦人自認可以打敗他們；所以瓦倫丁和史帝芬斯知道這個市場可行。另外，瓦倫丁也後悔自己錯過了視算科技（Silicon Graphics）——那家公司現在可主宰了高階繪圖工作站的市場。

　　6 月中旬，紅杉又兩度約見輝達創辦人。最後一場會議上，他們決定投資。

「威佛說要給你們錢。基於你們剛告訴我的，根據我的判斷，我會給你們錢。但要是你們害我賠錢，我會殺了你們。」瓦倫丁這麼告訴輝達團隊。

於是，那個月底，輝達分別從紅杉資本和薩特山創投公司拿到 100 萬美元，總計 200 萬美元。

現在，輝達有夠多錢投入第一塊晶片的研發，也開始支付員工薪水了。這是令黃仁勳、普里姆和馬拉科夫斯基感到謙卑的時刻：他們是憑過去的聲譽拿到資金，而非他們的商業計畫或產品示範。這是黃仁勳一輩子忘不了的教訓。「你的名聲走在你前面，比你來得重要，就算你的商業計畫寫作技巧不夠嫻熟也一樣，」他這麼說。

克里斯・馬拉科夫斯基和黃仁勳，攝於 1994 年。（輝達資料照片）

第 2 部

瀕死經驗

1993–2003年

第 4 章

全力以赴

終於，輝達可以不再只是討論它的第一款晶片，而是著手打造晶片了。首要之務是把公司移出普里姆家中，搬進真正的辦公室。拿到薩特山和紅杉的資金，輝達現在可以在離森尼韋爾（Sunnyvale）阿爾克斯大道（Arques Avenue）不遠處租一棟平房裡的一組辦公室了。那個地點不是很理想——附近的富國銀行（Wells Fargo）在輝達租在那裡時被搶過好幾次——但這給了輝達員工一種正當、合法的感覺。

這也是輝達第一次有錢付員工薪水。在籌到資金前，輝達只有寥寥幾名員工，都是無薪工作，但公司承諾錢總有一天會流進來。現在，輝達開始大舉招兵買馬，聘了二十個新人擔綱工程和營運的角色。

其中一位是傑夫・費雪（Jeff Fisher），他從一家名叫威綸（Weitek）的圖形晶片製造商那裡被挖角過來，管理輝達的銷售部門。面試期間，他對輝達三位創辦人都印象深刻。

羅伯特・松格和黃仁勳在輝達第一間辦公室前合影。（圖片由松格提供）

　　「都很優秀。三個人都不一樣，但都絕頂聰明，」他回憶道。「黃仁勳骨子裡是工程師，但可以身兼多職。克蒂斯是架構師，決意解決前向／後向相容性統一架構問題。克里斯是電晶體專家，裝配技術無人能及。」

　　羅伯特・松格（Robert Csongor）也是輝達的第一批員工，他上班第一天好不興奮，興奮到說服黃仁勳跟他在辦公室前門的輝達標誌前合照。

　　「我們總有一天會揚名立萬，」松格如此堅持，「這張照片會很酷。」

　　在輝達招兵買馬之前，三位創辦人已經建立指揮系統。普里姆和馬拉科夫斯基想要維持他們在昇陽的工作分工：普里姆擔任

技術長，掌管晶片架構和產品開發；馬拉科夫斯基負責管理工程和執行團隊。而他們想當然地認為，商業決策要由黃仁勳決定。

「我們從第一天起就聽黃仁勳的號令，」普里姆說。他告訴黃仁勳，「你要負責經營這間公司——我跟克里斯完全不懂的那些事都歸你管。」

黃仁勳記得普里姆說得更直接，「黃仁勳，你是執行長，好嗎？就這麼說定了。」❶

角色劃分好、專案團隊也補齊人員後，普里姆便著手設計 NV1 晶片。在 PC 圖形領域，限制甚至比昇陽的 SPARCstation 還要嚴格。英特爾現有的各代 CPU，也就是多數 PC 配備的 CPU，很難執行有助於圖形渲染的高精確度「浮點」（floating-point）數運算。晶片設計商鮮少具備製造能力，即使有也不是先進製程，這限制了輝達單一晶片可容納的電晶體數量。另外，繪圖加速器需要半導體記憶體晶片來執行他們日趨複雜的運算，而隨著 PC 需求高漲，這種晶片要價高到每 MB 接近 50 美元。

普里姆團隊計畫打造能以 640×480 畫素、高品質紋理和高渲染速度的晶片，但他們得發明繞過 PC 限制的方法。最大的障礙是記憶體的成本。如果他們在 NV1 上使用標準的晶片設計法，晶片會需要 4MB 的內建記憶體，成本就要 200 美元。光這點就足以讓多數遊戲玩家買不起使用這種晶片的顯示卡，因為玩家習慣便宜許多的價格。在進入強大的 3D PC 晶片新時代以前，多數 2D 顯示卡成本不到 10 美元，使用的記憶體位元有限。

普里姆試著用一種處理紋理的新軟體技術「前向紋理映射」（forward texture mapping）來解決這個問題。NV1 將使用四邊形

而非傳統基於三角形的逆向紋理映射（inverse texturing）來渲染多邊形。改用四邊形需要的算力較小，因此記憶體需求也較低。唯一的壞處，卻是非常重要的不利之處：軟體開發人員必須徹底修改遊戲才能利用普里姆的前向紋理映射技術。如果 NV1 嘗試運作用舊式逆向紋理映射打造的遊戲，結果會是渲染緩慢且品質不佳。然而，普里姆有信心，在各自為政的 PC 電玩遊戲圖形的領域，既然還沒有統一的標準，輝達效率更高的技術最後一定會勝出。

彷彿發明全新紋理繪製過程還不夠似的，普里姆也希望NV1 改善遊戲的音質。當時，聲音領域的市場領先者是聲霸（SoundBlaster）音效卡，但那在普里姆聽來不真實又刺耳。他為NV1 增添高品質的波表合成（wavetable synthesis），那是將實際樂器的錄音數位化，不像聲霸的音訊樣本是完全合成樂。

改變音訊標準是另一個冒險的決定。在同一張卡上結合圖形和音訊不是尋常之舉，多數電腦都為每種功能配備單獨的卡，但普里姆相信這意味著市場效能不彰，等待一張技術卓越的多功能卡來填補空白。然而市場不保證會改用新的格式：有聲霸卡這麼強勁的現任者，普里姆只能寄望軟體製造商捨棄劣質但廣為採用的標準，改而支持一項可產生更好音效、但尚待推廣的專利。

在普里姆鑽研設計的同時，黃仁勳則把焦點擺在說服英特爾支援他的新顯示卡。英特爾跟他接觸的人是名叫派屈克・季辛格（Pat Gelsinger）的年輕高階主管，他負責管理 PC 周邊元件互連（PCI）擴充槽規格的修訂事宜──所有即將推出的顯示卡都會使用這個規格。黃仁勳希望 PCI 為 NV1 增加不同的輸送量模式

（throughput mode）；季辛格不願意。

「我記得曾和黃仁勳激烈爭論，我們對於架構有不同的觀點，」季辛格回憶道。❷

最後，黃仁勳獲勝。英特爾採取較開放的標準，這種標準的功能較優越且鼓勵創新。這不只是輝達的勝利，也是整個圖形產業的勝利──有開放的標準，周邊顯示卡製造商可以自己決定技術進展的步調，不必跟隨英特爾的腳步。根據季辛格的說法，輝達未來能有這般成就，應歸功於「開放的 PCI 平台讓他的繪圖設備真的能後來居上」。

隨著 NV1 的設計益見清晰，黃仁勳和馬拉科夫斯基也敲定和歐洲 SGS-Thomson 的合作關係，後者將負責製造他們所有晶片。雖然唐‧瓦倫丁和馬克‧史帝芬斯都不看好 SGS-Thomson 適任合作夥伴，輝達卻能利用這家歐洲晶片製造廠的相對弱勢來討價還價。雙方協議，SGS-Thomson 得到為輝達的獨家授權，不僅可以製造 NV1 晶片，也可以打造 NV1 的精簡版的中階晶片，用代工廠自己的白標品牌來銷售。反過來，製造商每年要支付輝達約 100 萬美元來為其所有主要 Windows 作業系統撰寫定期軟體和驅動程式更新。SGS-Thomson 基本上同意資助輝達為數十幾人的軟體部門，以確保獨家代工 NV1 晶片的權利。❸

1994 年秋天，SGS 和輝達在拉斯維加斯的 COMDEX 展示了 NV1。COMDEX 是世界最大的電腦商展之一，而這兩家公司準備了三種可安裝於 PC 的工作樣機（working prototype）。商展開幕前，普里姆和另一位工程師還在幫軟體驅動程式除錯，並把其中一台樣機帶回飯店房間繼續處理。他們決定把其他兩部機器

留在攤位上。一名保全路過，建議他們雇人在夜裡看守他們的設備。輝達團隊拒絕了。

兩人隔天回來，發現東西全部不見。展場的門沒上鎖，有人半夜溜進來偷走他們的設備。所幸，他們飯店裡還有一塊晶片，而 NV1 趕上開幕、正式亮相。❹

儘管商展人潮熙攘，輝達團隊還是順利向日本電玩和遊戲機製造商 Sega 的代表介紹了產品。❺Sega 對 NV1 的示範印象深刻，同意在規畫下一代遊戲機時開始和輝達合作。1994 年 12 月 11 日，黃仁勳和克蒂斯・普里姆飛往東京，向 Sega 管理階層提出晶片研發合作協議。❻

這是這兩家公司原本該長久互惠關係的第一步。1995 年 5 月，Sega 和輝達簽訂五年合作協議，輝達同意打造下一代晶片 NV2，專供 Sega 下一代遊戲機使用。Sega 則同意移植數款原先為當前一代遊戲機 Sega Saturn 研發的遊戲、加以改寫來支援 NV1 的前向紋理映射技術，幫助 NV1 立足 PC。Sega 也買下總值 500 萬美元的輝達特別股（preferred stock）。

商務條款敲定後，克蒂斯・普里姆接任輝達對 Sega 的主要聯絡人，因為這項交易需要技術合作。他在 1995 年六度赴日管理兩間公司的合作案。他監督 NV2 遊戲機的設計規格，包括如何讀取遊戲卡匣和執行色彩壓縮。他也協助 Sega 理解將 Saturn 主機遊戲移植到 PC 的細微差異。

NV1 擁有成功上市的所有要件。它有獨特的行銷角度：單一晶片多媒體加速器，搭配多種新的紋理建構和圖形渲染的特色。它初期銷量很可觀，包括輝達主要合作夥伴帝盟多媒體

（Diamond Multimedia）下了一筆二十五萬塊晶片的訂單。帝盟會將晶片封裝在每片 300 美元的顯示卡中，以「Edge 3D」的品牌出售。Sega 也是優質的上市夥伴，它不僅同意支援當前晶片，也預先允諾和輝達下一款晶片合作。NV1 在 1995 年 5 月正式宣布上市，全公司都期待它勢如破竹。

NV1 格式與熱門遊戲不相容

但輝達嚴重誤判市場。首先，兩年來，記憶體的價格已從每 MB 的 50 美元暴跌到 5 美元，這意味 NV1 節省了內建記憶體的賣點，不再是強大的競爭優勢。於是，沒什麼遊戲開發商認為有必要改寫軟體來支援輝達的新圖形標準。結果，Sega 的 PC 移植，包括《VR 快打》（*Virtua Fighter*）和《熱血飛車》（*Daytona USA*），成為少數專門設計來以 NV1 運作的遊戲。其他遊戲用輝達新晶片的運作效果幾乎都不好：那是用中介軟體包裝函式（wrapper）來執行逆向紋理映射，因此很容易減緩渲染速度。

正是一款遊戲──第一人稱的射擊遊戲《毀滅戰士》（*DOOM*）──決定了 NV1 的命運。在 NV1 上市之際，《毀滅戰士》是世界最受歡迎的遊戲：它生動鮮明的視覺效果和令人毛骨悚然、快節奏的戰鬥，與以往的遊戲經驗截然不同。這主要當歸功於遊戲設計師和發行商 id Sohware 共同創辦人約翰・卡馬克（John Carmack）的技術奇才。卡馬克是用 2D 視訊圖形陣列（Video Graphics Array，VGA）規格打造這款遊戲，並善用他知道的每一種硬體層級的技巧來創造最大的視覺衝擊效果。普里姆

一直相信多數遊戲設計師會捨棄 VGA，改用 NV1 的 3D 加速繪圖技術。所以 NV1 晶片僅部分支援 VGA 圖形，且仰賴軟體模擬程式來補充它的 VGA 功能——這導致《毀滅戰士》在玩家眼中執行效率變慢。

就連《毀滅戰士》具代表性的配樂和音效設計也無法在 NV1 上正常運作。NV1 晶片上的專利音訊格式（普里姆納入是為炫耀技術而非有絕對必要），與業界標準聲霸卡（由音效卡製造商創新科技〔Creative Labs〕製造）的格式並不相容。但多數 PC 製造商都要求其周邊設備與聲霸卡相容，而那項要求的改變速度沒有普里姆預期的快。為解決這個問題，普里姆又寫了模擬程式，而這一次是為了製造聲音而非視覺效果。但創新科技每更新一次其專利格式，就會出問題一次，且一直到輝達拿出補救方案為止。因此，NV1 的使用者得長時間忍受遊戲聲音運作不正常的情況。

這是個慘痛的教訓：證明後向相容性的重要，以及為創新而創新的危險。輝達推出新顯示卡原本是想推動圖形產業的發展，結果卻跟不上世界最受歡迎遊戲的腳步。由於缺乏真正相容的遊戲，加上多數遊戲製造商持續支援等級較低但廣為採用的舊技術規格，NV1 被打入了冷宮。

「我們以為我們打造了偉大的技術和偉大的產品，」馬拉科夫斯基說：「原來我們只打造了偉大的技術。那不是偉大的產品。」

銷售欲振乏力，而且很多在耶誕新年假期時賣出去的產品都被退貨了。到了 1996 年春天，帝盟多媒體訂購的二十五萬塊晶片，幾乎已全數退回。

　　黃仁勳明白輝達在 NV1 上頭犯了好幾項致命錯誤，從市場定位到產品策略都不例外。他們也過度設計顯示卡，添加根本沒有人在意的功能。說到底，市場只是想要以合理價格為最好的遊戲買到最快的圖形效能——就這樣，沒別的。電腦製造商也告訴輝達，把視訊和音訊功能結合在同一塊晶片上，輝達會更難拿得訂單。

　　「諷刺的是，毀掉 NV1 的不是最重要的圖形，」當時輝達的行銷總監麥可·原（Michael Hara）說。❼「而是聲音。那時候的遊戲需要跟聲霸卡相容，偏偏 NV1 沒有。」

　　「我們真的很喜歡你們的繪圖技術，所以等你們想去掉那種音訊功能的時候，再回來找我們。」原記得好幾個人這樣告訴他。

　　NV1 根本比不上其他設計比較狹隘的顯示卡。輝達明白，它不能再製造顧客不會額外付費購買的東西了。

　　「我們跨了太多領域，結果分散了注意力，」黃仁勳回憶道：❽「我們學到，少做點東西比做太多東西好，雖然做很多東西的 PPT 看起來很厲害。沒有人會去店裡買瑞士刀。那是耶誕禮物。」❾

　　輝達花了將近 1,500 萬美元研發 NV1。那筆錢來自薩特山和紅杉的初期投資，還有 SGS-Thomson 和 Sega。❿ 輝達原本寄望 NV1 能大發利市，賺回大部分研發成本，以便繼續發展下一代晶片。偏偏 NV1 銷售慘澹，意味輝達現正面臨現金危機。黃仁勳、普里姆和馬拉科夫斯基需要拿到更多錢，而且要快，否則他們的夢想就會猛然破滅，而且是自作自受。

一個簡單的問題

在輝達頭幾場董事會的某一場，董事哈維‧瓊斯（Harvey Jones，晶片設計軟體龍頭新思科技〔Synopsys〕的前任執行長）問了黃仁勳有關 NV1 的問題：「你會怎麼給這東西定位？」

當時，黃仁勳不了解瓊斯不只是問 NV1 的功能組合或產品規格。瓊斯是要他思考輝達要怎麼在競爭激烈的產業賣新晶片。瓊斯知道產品必須以最清楚、最精確的方式呈現，才能脫穎而出。

「他問了我一個簡單的問題。當時我沒有意識到它有多簡單。可是我沒辦法回答，因為我沒有完全理解他在問什麼，」黃仁勳如此回想。❶「答案太深奧了。你得花上你整個職業生涯，才能回答那個問題。」

NV1 失敗後，黃仁勳後悔當初沒有更認真思考瓊斯的問題。他和輝達團隊付出那麼多的心力，卻得到那麼少的回報，讓他深感挫敗，而他相信這可歸咎於他自己有太多缺點，不夠格擔任新公司的領導者。

「我們就是沒把工作做好。」他說：「公司頭五年，我們有真正才華洋溢的人才，工作超級努力，可是經營一家公司是一項新技能。」

黃仁勳發誓他要盡可能吸收企業領導的知識，避免自己和他剛起步的公司重蹈覆轍。在尋覓瓊斯那個問題的答案時，他受到艾爾‧賴茲（Al Ries）和傑克‧屈特（Jack Trout）的著作《定位：在眾聲喧嘩的市場裡，進駐消費者心靈的最佳方法》

（*Positioning: The Battle for Your Mind*）所吸引。賴茲和屈特在書中
主張，定位的重點不是產品本身，而是客戶的想法，而客戶的想
法是由先前的知識和經驗塑造。人傾向於拒絕和濾除任何與本身
現有世界觀不符的東西，這讓他們難以用理性和邏輯改變想法。
不過情感可能改變得很快，而如果一家公司用了正確的訊息，高
明的行銷人員便可以操控消費者對產品產生特定的情感。根據這
兩位作者的說法，潛在的買家不想被說服，而是希望被引誘。

　　但引誘需要簡單的訊息，而輝達賦予 NV1 的訊息太過複雜
了。那並未在哪方面明顯勝過對手，在某些情況甚至比較差。

　　「顧客永遠在考慮替代方案，」黃仁勳說。而且在顧客心
中，替代方案能做到 NV1 做不到的──可以玩《毀滅戰士》。
就算有再多人抱怨那款遊戲使用較舊的圖形標準而不能利用 NV1
升級的功能，也無法抵消那個容易理解的負面訊息。就算輝達一
再指出 NV1 擁有創新的音訊和繪圖能力，也比不上遊戲玩家親
眼看到或親耳聽到──或沒聽到的東西。

「沒買下他們，這是我方巨大的戰術錯誤」

　　NV1 的災難徹底改變了輝達和 Sega 的關係。這家日本公司
已委託輝達為它 Saturn 之後的下一代遊戲機打造 NV2，繼早期
成功遊戲機 Genesis 持續大賣。輝達內部給 NV2 的代號是「穆塔
拉」（Mutara）：《星艦迷航記 II：星戰大怒吼》（*Star Trek II:
The Wrath of Khan*）裡發生激勵人心的太空大戰地點── Genesis
裝置爆炸，使穆塔拉星雲塌縮成一顆孕育生命的新星。同樣地，

輝達現在需要它的 NV2 晶片為苦苦掙扎的公司注入新活力。

從一開始,事情看起來就不大順利。雖然普里姆親自跑了好幾趟日本,Sega 的程式設計師對輝達的專利渲染技術愈來愈反感。1996 年,Sega 通知輝達,他們新一代的遊戲機不會再用 NV2 了。所幸先前黃仁勳已機智地在原始合約談成這個條款:只要輝達能造出一種可用的晶片原型,並安裝在與舊型 Sega Genesis 或 Sega Mega Drive 主機板面積差不多的獨立主機板上,Sega 就得支付 100 萬美元。

普里姆選派唯一的工程師韋恩・古勝(Wayne Kogachi)打造 NV2 原型。這是孤立無援、吃力不討好的工作。古勝只有一塊晶片和一面主機板可以用,而普里姆已指派工程團隊其他工程師負責公司的下一代晶片(當時稱 NV3)。古勝和同事互動很少,且多半是深夜幼稚的惡作劇,例如整個工程部門開始測量並記錄每個人的頭圍,說什麼頭愈大愈聰明。

「韋恩的頭圍是當時輝達團隊裡最大的。」想到這裡,普里姆不由得大笑。

花了約一年的努力,古勝做出符合 Sega 規格的 NV2 原型了。這個里程碑啟動了 100 萬美元的支付,而這筆錢正是帶領輝達度過危機的救生索。話雖如此,那並未解決輝達所有難題。100 萬美元大都立即投入 NV3 的研發,剩下的錢還不夠付薪水給許多當初因預期 NV1 和 NV2 將大發利市而雇用,但隨著兩款晶片基本上已夭折,現已無事可做的員工。為保住公司所剩無幾的現金,黃仁勳選擇裁掉過半員工:輝達的員工數從一百多人縮減為四十人。❷

「我們原本有行銷團隊，有銷售團隊，忽然之間，我們的產品路線圖不再可行，」逃過那波裁員的軟體工程師德懷特‧狄爾克斯（Dwight Diercks）說。

在輝達因 NV1 和 NV2 失策而搖搖欲墜，轉而全心投入 NV3 之際，一個可怕的新競爭對手已在 PC 圖形市場崛起。前視算科技三名大將：史考特‧塞勒斯（Scott Sellers）、羅斯‧史密斯（Ross Smith）和蓋瑞‧塔羅利（Gary Tarolli）在 1994 年，也就是輝達創建一年後成立 3dfx 公司。1990 年代，視算科技（SGI）最為人熟知的是製造高階繪圖工作站來創作電腦合成的電影特效，包括史蒂芬‧史匹柏（Steven Spielberg）《侏羅紀公園》（*Jurassic Park*）裡的恐龍。3dfx 的創辦人打算以遊戲玩家負擔得起的價格，為 PC 市場提供同等級的效能。1996 年秋天，在研發兩年後，該公司宣布準備推出它的第一款圖形晶片，品名為「巫毒顯示卡」（Voodoo Graphics）。

3dfx 決定在舊金山一場由漢鼎投資銀行（Hambrecht & Quist）主辦的大會上發表巫毒顯示卡。漢鼎的投資重心在科技業，而高級主管戈登‧坎貝爾（Gordon Campbell）計畫在一場會中會展示 3dfx 的晶片可以如何在低端、消費者等級的設備上呈現高階、企業用水準的圖形。這場示範的主秀是一個 3D 立方體，其成像清晰細膩，媲美 SGI 工作站電腦的傑作。

「我是在地下室的一個小房間裡，配備一部 PC，一部投影機和一張卡，卡上有我們第一款晶片，」坎貝爾說。❸

3dfx 這場會議預定和一場由視算科技執行長愛德華‧麥克拉肯（Edward McCracken）主持的專題演講同時進行。一開始，坎

貝爾的場子乏人問津，因為可能感興趣的人大都去聽麥克拉肯娓娓細述 SGI 的公司歷史了。但麥克拉肯報告到一半，他要價 8.5 萬美元的 SGI 工作站當機了，演說戛然而止。當觀眾等得愈來愈不耐煩，風聲慢慢傳開：樓下那場會議好像更吸引人：一家小型新創公司有辦法弄出媲美 SGI 機器的 3D 圖形──用一張消費用個人電腦的顯示卡。

「人潮蜂擁而入，」坎貝爾說：「很多人說『**你得看看這個**』，把人拉進來。」

這場對決不僅成為 3dfx 的企業傳說，也預示了「巫毒顯示卡」1996 年 10 月開始販售後的行銷訊息。3dfx 自許為唯一一家能將 SGI 等級的效能帶到個人電腦，且要價不到千分之一的新創企業。這個主題在「巫毒顯示卡」的上市資料上一再加油添醋，例如下面這段行銷長羅斯‧史密斯對 Orchid 公司所說的話（Orchid 的 Righteous 3D 顯示卡即內建巫毒圖形晶片）：

> 去年在 Comdex 博覽會，比爾‧蓋茲在 Orchid 的攤位上玩《The Valley of Ra》，那時他用的是以要價 25 萬美元的 SGI Reality Engine 為基礎的巫毒顯示卡模擬程式。現在，PC 消費者只要花 299 美元就能用 Orchid 享受同樣的實時 3D 圖形效能了。這合乎公平正義（Righteous）！ ⓮

不知有意無意，3dfx 一五一十地遵循了艾爾‧賴茲和傑克‧屈特在《定位》一書中羅列的原則。該公司明確地將其產品定位

為市面上其他顯示卡的替代方案，且訴諸顧客的情感——以漂亮的價格取得物超所值的效能，讓「打敗系統」的感覺油然而生——而非試著拿事實和效能統計數據說服顧客。

3dfx 不只提出誇大的行銷話術。1996 年 6 月，id Software 公司推出全新第一人稱射擊遊戲系列的同名作：《雷神之鎚》。一如三年前使用 2D 顯示卡的《毀滅戰士》，第一版的《雷神之鎚》也將 3D 顯示卡的效能發揮到極限，在這個例子是一切都以實時 3D 生成。1997 年 1 月，id Software 推出升級版的《雷神之鎚》，取名為《GL 雷神之鎚》（*GLQuake*），增添支援 3D 繪圖硬體加速的功能，這正是巫毒顯示卡晶片擅長的領域。

「我們的東西賣瘋了，」3dfx 的首席工程師史考特・塞勒斯回憶道。**⓯**

該公司的營收爆炸性成長，先是從 1996 會計年度的 400 萬美元飆升至 1997 年的 4,400 萬美元，在 1998 年推出升級版的第二代巫毒顯示卡後，更暴增至 2.03 億美元。這個需求絕大部分來自《雷神之鎚》的玩家；巫毒顯示卡是促使買家升級硬體以便獲得更好的圖形效能和品質的殺手級應用，全都是為了讓遊戲更身歷其境。

3dfx 的高階主管知道輝達正面臨嚴峻的財務壓力，考慮購併這個衰退中的對手。儘管頭兩款晶片無法獲得市場青睞，輝達旗下仍擁有矽谷最優秀的幾位圖形工程師。但最後 3dfx 高層選擇按兵不動。他們相信輝達難逃破產命運，而等到輝達倒台，就能以更便宜的價格買下人才和資產了。

「我們在 3dfx 犯下的錯，就是沒有趁他們倒下時一槍斃

命，」羅斯‧史密斯說：「沒買下他們，這是我方巨大的戰術錯誤。我們明明已經把他們逼上絕路了。」

「我們很清楚，要是捲土重來的 RIVA 128 晶片出了任何差錯，他們就完了，」塞勒斯說，指的是一開始叫 NV3，後來改為 RIVA 系列販售的晶片。「他們沒有時間了。我們賭的是，只要再等一陣子，他們就會自爆。」

3dfx 已把輝達逼到懸崖邊，卻沒有一舉把它推下去。塞勒斯曾和德懷特‧狄爾克斯在另一家小型新創公司共事，知道這位輝達工程師特別善於為圖形晶片編寫軟體驅動程式，而一款顯示卡的成敗盡繫於此。塞勒斯積極招攬狄爾克斯，努力說服他放棄沉沒中的輝達，加入上升中的 3dfx。

「我們差點就網羅成功了，」塞勒斯後來說，語氣中帶著不止一絲遺憾。❶❻

狄爾克斯也認真思考過這個機會。❶❼ 但他基於兩個原因選擇待在輝達。一是好奇：他想親眼目睹 RIVA 128 生產出來，再考慮離開。另一個原因是黃仁勳，他跟狄爾克斯深談過，說服他留下來。直到今天黃仁勳仍說他「救」了狄爾克斯；狄爾克斯則開玩笑說，要是當年他離開了，3dfx 就會馬上把輝達買下來。三十年後，狄爾克斯還在輝達，負責監督公司的軟體工程。

世界一等一的談判高手

就在《雷神之鎚》把 3dfx 推向新高之際，黃仁勳和輝達正在清點他們愈來愈少的現金，想著那究竟夠不夠撐到下一塊晶片問

世。銀行裡還剩 300 萬美元，輝達還可以營運九個月。[18] 要活下去，他們不只要造出一塊超過平均水準，或僅止於「不錯」的晶片。他們必須以目前可以使用的製造和記憶體技術，做出市面上最高效能的圖形晶片——必須有可能贏過 3dfx 精湛絕倫的巫毒系列。

要打敗這麼厲害的競爭對手，輝達必須重新通盤考量其晶片研發策略。NV1 設計成輝達工程師想要、而非市場想要的東西。克蒂斯・普里姆加入晶片裡的專利標準，展現了他的技術敏銳度，卻使製造商退避三舍。1996 年 6 月，微軟推出 Direct3D，讓新的圖形標準更難獲市場青睞，因為這種紋理貼圖的應用程式介面（application programming interface，API）用的是傳統的逆向式三角形建構法。不到幾個月，遊戲開發商幾乎全面放棄像輝達這種小規模的專利圖形標準，改採兩種大規模且獲得充分支援的替代方案：微軟的 Direct3D 和 OpenGL。

黃仁勳看清產業的前進方向，要求輝達的工程師順應市場，不要對抗市場。

「各位，我們別再白費力氣了，」他告訴剩下的員工。[19]「在這個時間點，很明顯我們走錯方向了，沒有人支持我們的架構。」[20]

馬拉科夫斯基同意這項新策略。「別再拿像 NV1 那種與眾不同的技術來跟競爭對手比聰明，我們只要用同樣基本的策略，幹得比別人好就行，」他說。

黃仁勳這番話鼓勵普里姆拿 NV3 名副其實地幹「大」事。為了做出速度快得多的晶片，團隊想要使用一種頻寬為 128 位元

記憶體匯流排（memory bus），設計出能以破紀錄的速度生成畫素的圖形管道（graphics pipeline）。輝達必須造出尺寸比任何曾經成功造出的成品都要大的晶片。

普里姆把黃仁勳逼到辦公室走廊的角落，要他同意這項計畫，雖然這其中還牽涉到一些技術難題。

「讓我想想。」黃仁勳回答。他花了接下來兩天時間，為修訂版的 NV3 規畫時程、定價、製造計畫和商業模式。最後，他不僅同意這種尺寸較大的晶片，還希望普里姆和他的工程師能再增加 10 萬座閘門，即多用 40 萬個電晶體──讓整塊晶片共有 350 萬個電晶體。❷

「黃仁勳開了綠燈，允許我們幫晶片填充更多功能，」普里姆說。

「我不擔心成本。」多年後，黃仁勳在被問到當年的決策過程時這麼說。「我造出的晶片尺寸是在當年所有人能造出來的體積裡最大的。我們只想確定這是世界上最強大的晶片。」

為了彰顯輝達的雄心壯志──或者，也暗示要與它過去的設計哲學斷乾淨──該公司決定給 NV3 一個有別於內部代號的外部品牌，取名為 RIVA 128。這個名字濃縮了晶片的最終目標：RIVA 代表實時互動影像動畫加速器（Real-time Interactive Video and Animation Accelerator），「128」則是指 128 位元的匯流排，這是當時單一晶片所能使用的最大的頻寬，也是消費用 PC 產業的一大創舉。

由於財力不佳，輝達必須用最快的速度做出 RIVA 128，且缺乏多次來回測試確保品質的安全網。標準晶片研發一般需時兩

年，包括在晶片「下線」（tape-out，指定案的晶片設計送交製造原型）後進行多次修訂來找出和改正錯誤。例如 NV1 就歷經三、四次的實體下線。至於 NV3，輝達只負擔得起一次實體下線，就得把它送去量產了。

要縮短時程，輝達必須縮短測試週期。黃仁勳聽說一家名叫 Ikos 的小公司製造冰箱大小的晶片模擬機。這種大型設備讓工程師得以運作遊戲和測試數位晶片的原型，不必製造實體晶片來測試和修正錯誤，可節省時間和資源。Ikos 機器不便宜：一部要價 100 萬美元，因此會將輝達還付得起薪水的時限從九個月縮短為六個月——但黃仁勳明白這能**大幅**加快測試過程。其他高階主管希望透過籌措更多資金來爭取更多時間，但執行長堅不讓步。

「我們籌不到更多錢了，」他說。創業投資家「還有九十家公司可以相信。幹嘛相信我們？我們非這樣做不可」。

黃仁勳爭贏了，於是向 Ikos 買了模擬機。機器一送到，狄爾克斯和他的軟體團隊立刻著手測試數位 RIVA 128，以便識別和修正晶片的問題。狄爾克斯記得他的團隊和硬體工程師之間的第一場對話是場災難。

「嗨各位，我們可以第一次模擬我們的晶片了，」他說：「它才剛啟動 DOS，很慢。」❷

其中一位硬體工程師說：「是啊，你看看那個。它已經抓到錯誤了。C 冒號偏移了兩個畫素。」

一般來說，晶片在啟動後不會那麼快顯出錯誤，或錯在那麼基本的東西。因此，硬體團隊想當然地認為是模擬機運作不正常，黃仁勳和狄爾克斯無緣無故浪費了三個月薪水的緩衝。

「但那確實是我們在硬體裡抓到的第一隻『蟲』，」狄爾克斯說。

操作 Ikos 機器是個艱巨的過程。裝置由兩個大箱子組成，兩個大箱子都連接暴露在外的主機板。它不用晶片，而是用電線插入插槽來傳輸資料（若使用實體晶片，資料是從晶片送到 CPU）。這種軟體模擬的晶片，速度比真正的硬體晶片慢很多。

「它光是載入 Windows 就要十五分鐘。我記得稍微動一下滑鼠的游標位置，就得等螢幕重新整理好幾次，」測試師亨利‧李文（Henry Levin）說。「按一下按鍵就是場噩夢，因為你稍微動一下，它就會超出目標位置。」❷❸

李文在他的辦公桌上畫了一張地圖，讓他知道把滑鼠放在哪裡可以存取螢幕上的哪個部分，無需等待模擬機一再重新整理螢幕。測試師也會執行基本功能，例如畫一個三角形或圓形。執行基準測試通常代表要把機器擱著一整晚，隔天早上再回來看看它完成了沒。

模擬機不會自動撰寫錯誤報告。當一個程式凍住，李文只能螢幕截圖，叫來一位硬體工程師判斷發生什麼事，或是哪裡錯了。如果出了重要問題，工程師會回頭重新設計晶片的某個部分。

一名工程師回憶團隊曾於某個週末進行一個較長時間的基準測試。不知怎麼搞的，一位夜班清潔工進了測試室，為了插吸塵器的插頭而把模擬機的插頭拔掉。工程師回來發現他們的基準測試全毀，得從頭開始，徒然浪費時間。清潔工其實不必進測試室，因為那裡根本沒有地毯。

不必要的清潔服務不是這支團隊所面臨的唯一挑戰。輝達沒有時間從頭開始設計。所以普里姆、馬拉科夫斯基和晶片架構師大衛・羅森塔爾設法重新利用 NV1 的部分設計，再新增對多種新功能的支援，包括逆向紋理映射、更出色的數學運算能力，以及非常寬的記憶體匯流排。就算輝達想要和它的前兩塊晶片一刀兩斷，早期設計的 DNA 仍存留在 RIVA 128 之中。

「這次我們成功了，」馬拉科夫斯基說。❷❹

如今輝達也明白它的晶片在硬體方面必須百分之百支援舊式 VGA 標準。NV1 試圖用硬體和軟體模擬混合的方案來應付這個問題，但這種方法在許多以 DOS 為基礎的遊戲中造成嚴重困擾，包括《毀滅戰士》。輝達承受不起再次與 VGA 不相容的後果了。

然而公司內部沒有人擁有設計 VGA 核心的專業。不可思議地，黃仁勳竟有辦法從輝達的競爭對手威綸公司獲得一款 VGA 核心的設計授權。

「毫無疑問，黃仁勳是世界一等一的談判高手，」普里姆說。「黃仁勳總有辦法為輝達談成那些驚人的生意，一而再、再而三救了公司。」

黃仁勳不只和威綸簽了授權協議——他還挖來威綸的 VGA 晶片設計師哥波爾・索蘭基（Gopal Solanki）擔任輝達的專案經理和執行長的得力助手。一位前輝達員工說兩人合作無間，宛如「生意上的靈魂伴侶」。索蘭基以極度強硬和要求嚴格著稱，但總能做出成績。黃仁勳也把拯救公司的功勞給了索蘭基。

「哥波爾真的很重要，」黃仁勳在將近三十年後說：「要不

是有哥波爾在，我們早就破產了。」❷⑤

「每當哥波爾被指派負責下一代的 NV 晶片，你都會有很好的預感。你知道事情一定會順順利利，」普里姆同意。

輝達在 1997 年 4 月的電腦遊戲開發者大會（Computer Game Developers Conference）上公開發表 RIVA 128。硬體公司會在那場會議展示最新產品，希望能從 PC 製造商和零售商那裡拿到訂單。輝達的時間緊迫到它不敢確定晶片能否趕上大會──或是否好到可以展示。工廠做好的樣本，遲至大會前幾天才運過來，輝達工程師夜以繼日排除任何殘餘的軟體錯誤。他們的目標是確保晶片能執行 Direct3D 的圖形基準，也就是硬體製造商用來評估晶片品質的標準。會前幾小時，工程師好不容易讓晶片足夠穩定，不會在出乎預料的時刻當掉。

「我們見不得光的小祕密是 RIVA 128 只進行過一次那種測試，而且測試結果很不穩定，」艾瑞克・克里斯汀森（Eric Christenson）說。他是代表輝達參與 1997 年那場會議的地區銷售經理。❷⑥「你得對它呵護備至，尊重備至。要是你沒有好好對待它，它很可能會在測試半途鎖住系統。」

競爭關係的顯示卡製造商都派代表到輝達的攤位，主要是找機會恥笑 NV1 的失敗。

「噢，你們還在？」一個 3dfx 員工說。

但隨著有夠多人見證輝達的基準測試──且對測試結果印象深刻── RIVA 128 開始引起騷動。業界不約而同體認到，這款產品也許有什麼特別之處。那天快結束時，3dfx 共同創辦人兼工程主管史考特・塞勒斯親臨攤位來看看展示。

「為了給您最好的經驗，我會先關掉系統，讓您看看完整、順暢的運作過程，」克里斯汀森說。「我們等一下會重新啟動系統、開啟應用程式，然後執行示範。」

雖然努力裝得鎮定自若，但克里斯汀森其實是在冒險——只為震懾對手。RIVA 128 在重開機後特別容易當掉，所以他並不能確定設備跑得動。然而，假如他不重開機就進行測試，塞勒斯就可以宣稱基準測試不夠精確。

克里斯汀森屏住呼吸，等裝置重開機。它恢復運作，沒有當機。他執行了基準測試。結果都出現在 PC 顯示器上。塞勒斯難以置信——那不只優於 3dfx 的基準，也強過塞勒斯在任何消費級顯示卡上見過的效能。克里斯汀森跟他保證測試結果不容置疑。塞勒斯也明白這次測試的弦外之音。首先，RIVA 128 效能勝過 3dfx 最好的卡；其次，這家當初 3dfx 放它自生自滅的公司不但沒死，還捲土重來，大張旗鼓地回到 3D 圖形市場。

另一家 3D 圖形新創公司 Rendition 的首席架構師華特・唐納文（Walt Donovan）也過來看 RIVA 128 的測試結果。他問輝達相對資淺的首席科學家大衛・柯爾克（David Kirk）一連串關於那塊晶片和其效能的問題。聽完柯爾克的答覆，唐納文只能回答：「太神奇了。」唐納文的產品的效能沒有一個比得上 RIVA 128，甚至連接近都談不上。就在這麼一場基準測試期間，他的公司從競爭中全面潰敗。

想清楚當前的處境後，唐納文又問了一個問題。「我可以去輝達工作嗎？」不久他便獲得聘用。

晶片的第一筆大訂單

擁有一塊可產出強大效能數據的原型晶片，黃仁勳有籌錢的籌碼了。

「我們不想那麼早跟薩特山或紅杉要錢，」普里姆說。要是黃仁勳在 NV1 或 NV2 一敗塗地後馬上回去，而那時輝達根本沒有明確的發展路線，他會面對一群滿心懷疑的人，就算他們同意追加投資，也會要求不利的投資條件。現在情況可不一樣了。創投公司有充分的動機讓這家公司在它成功在望的時候繼續運作下去。黃仁勳請兩家公司再投資一輪，讓他有錢向半導體製造廠（fab）買晶片。兩家基金都同意再次投資，其中薩特山在 1997 年 8 月 8 日投入 180 萬美元 ❷（作者註：我無法判定紅杉在這回合投資多少錢，只確定它有投資。紅杉並未依我請求披露資訊）。

夏季步入尾聲，黃仁勳有天在員工餐廳召集公司全體同仁。他從口袋掏出一張紙，讀了紙上寫的金額——讀到美分。讀完，他把紙摺好塞回口袋，說：「我們在銀行裡就這麼多錢。」

全場陷入沉默。那個數字不大——只夠再支付眾人幾星期的薪水。一名新進員工記得當時他簡直恐慌起來。「天啊，」他想：「我們就快沒錢了。」

緊接著黃仁勳從口袋掏出另一張紙。他打開來，宣讀：「這是一筆來自 STB 系統的訂單，訂三萬組 RIVA 128。」這是這塊晶片的第一筆大訂單。員工餐廳爆出歡呼。黃仁勳為戲劇效果自導自演了一番。

RIVA 128 是輝達第一款暢銷商品。一推出便佳評如潮，完全抹去 NV1 上市時的慘痛回憶。

「死忠的遊戲玩家一定得買這張卡。」著名的科技愛好者網站《湯姆的硬體指南》（*Tom's Hardware*）這麼說，它是「目前 PC 市場最快的 3D 晶片」。

晶片上市四個月，輝達就運出超過百萬組晶片，占領五分之一的 PC 繪圖市場。《個人電腦雜誌》（*PC Magazine*）將 RIVA 128 列為「編輯推薦」商品，《電腦通》（*PC Computing*）更封它為「1997 年度商品」。[28] 當耶誕新年假期來臨，包括戴爾（Dell Computer）、捷威、美光（Micron Electronics）和 NEC 等大型 PC 製造商全都將這塊晶片裝進他們的電腦。這般猛烈的銷售速度讓輝達在 1997 年第四季交出獲利 140 萬美元的成績單，是公司成立四年來第一個獲利的季度。

黃仁勳的戲劇天分在同年年底的公司會議再次展露無遺。那個年代，他仍喜歡穿運動外套和牛仔褲，還沒有披上他的招牌黑皮衣。那天，他從外套口袋拿出一個厚厚的信封，裡面塞滿嶄新的 1 美元新鈔。他走遍會議室，給每一名員工一張信封裡的鈔票，象徵 RIVA 訂單賜予他們的財務救生索，也提醒眾人，他們的處境仍太不穩定，不宜大肆慶祝。

然後，他走回一位名叫凱瑟琳・巴芬頓（Kathleen Buffington）的女性員工身邊，她效力於營業部，負責包裝圖形晶片出貨給顧客。黃仁勳已經給過她 1 美元了，現在又給她第二張鈔票。他對全公司說，為了把所有晶片送出門，她工作得非常辛苦，該拿到雙倍獎金。

　　對一個長年徘徊失敗邊緣的公司來說，黃仁勳發放 1 美元鈔票的舉動，是迫切需要的輕鬆和歡慶的片刻。「RIVA 128 是個奇蹟，」黃仁勳說。「當我們已經走投無路，克蒂斯、克里斯、哥波爾和大衛‧柯爾克打造了它。他們做了非常正確的決策。」❷⁹

第 5 章

超級積極

　　RIVA 128 不僅確定輝達活得下去，它還像一塊磁鐵，吸引人才從電腦圖形這個相對封閉世界的各個角落，來到森尼韋爾的小園區，相信自己有機會幹出不同凡響的事。

　　卡洛琳・蘭得利（Caroline Landry）第一次聽說輝達的新晶片時，還是加拿大邁創圖形的晶片設計師。「那時我二十八、九歲，雖然沒有緊跟業界的趨勢，不過我知道輝達發表了第一款 RIVA，已如旋風般席捲業界。那遙遙領先我在邁創研發的產品，而我的產品甚至離下線還很遠，」她說。❶

　　她的男友後來在灣區找到工作，但蘭得利還沒打定主意要不要一起去──直到獵人頭公司幫她和輝達搭上線，她飛去進行為時一整天的面試，馬上獲得錄用，也馬上接受──全憑輝達的聲譽。她是輝達第一位女性工程師。

　　正式上工後，她難以適應輝達緊張的文化。平日經常工作到晚上十一點，週末也幾乎整天都在加班。她記得有一次某位高

階主管在星期五快傍晚時進來問她那個週末的工作目標。「加拿大是召募人才的好地方，因為那裡工程師的薪水比在美國低得多，」她說：「但是對加拿大人來說，生活品質往往更重要。」

蘭得利向黃仁勳反映，有些員工埋怨工時太長。黃仁勳的回應一如往常直接。

「為奧運備戰的人也會抱怨大清早就要訓練。」

黃仁勳在傳遞一個訊息：漫長的工時是追求卓越的必要條件。直到今天，他仍未改變觀念，依舊期望員工採用極端的工作習慣。

蘭得利也注意到輝達的管理階層很快就能看出員工的特殊才能。年輕的工程師喬納・阿本（Jonah Alben）跟她差不多時間進輝達，當時他才剛畢業沒多久，而據蘭得利的說法，他顯然「才能出眾」。黃仁勳很早就看出阿本的潛力，在一場公司會議上說：「我預計二十年後會為喬納做事。」蘭得利一開始有點嫉妒同事獲得的關注，但隨即釋然。「在輝達，你會欣然接受聰明伶俐的同事，不會感到威脅。這和你的自尊無關，只跟我們辦不辦得到有關。能和那樣的同事一起工作，要心懷感激哪，」她說。阿本後來一路晉升到圖形處理器（graphics processing unit，GPU）工程部門主管。

黃仁勳堅持，新雇員在走進門的那一刻就該清楚知道自己要做什麼。❷ 他責成行銷長麥可・原在每一場迎新開誠布公。原記得，他談話的目的在於鼓勵新進人員儘管有話直說，一有機會就提出嶄新的觀念和構想。

「我們超級積極進取，」他告訴新進員工。「我們不會浪

費時間找事情為什麼行不通的藉口。我們會向前走。如果你來這裡，以為可以打混、領你的薪水、五點下班回家，那你就錯了。如果你真的這麼想，那請你今天辭職。」

原記得那位負責新進員工課程的人資部同仁一臉驚恐。原不管他，繼續說。

「我們做事跟別人不一樣。如果你來這裡說『我們以前是這樣做的』，我們不在乎。我們會用不同的方法做事，把事情做得更好。當我們只有二十五個人時，黃仁勳要我們來這裡，承擔風險，跳脫框架，勇於犯錯。我鼓勵你們三者都做。但同樣的錯誤別犯第二遍，因為我們會迅雷不及掩耳地開除你。」

原是認真的。輝達的前人資主管約翰・麥索利（John McSorley）說該公司有快速聘用的政策——但如果哪個新員工繳不出成績，也會火速開除。黃仁勳對麾下所有聘雇經理的基本指引很簡單：「雇用比你聰明的人」。然而，隨著輝達迅速擴張，開始以一個月超過百人的速度添增生力軍，高階主管明白他們偶爾會做出錯誤決定。也明白及早修正錯誤，比放任錯誤化膿潰爛、傷害輝達的企業文化來得好。

輝達早期，就連待得比較久的員工也不會覺得自己穩如泰山，因為公司採用「不進則退」的策略，員工不是定期升遷，就是被攆走、讓出空間給更有潛力的人。輝達處理人事的方式跟處理晶片設計一樣，毫不妥協。

光速

自輝達創立以來，黃仁勳就堅持輝達所有員工都要以「光速」工作。❸ 他希望他們的成果只會受到物理定律限制——不會被辦公室政治或財政問題影響。每一項專案都必須分解成數個子任務，而每一個子任務都必須在目標時間內完成，不容拖延，不容排隊，不容停工。這呼應了「光速」這個理論上的最快速度：物理上不可能超越的極限。

「光速讓你能更快進入市場，也讓你的競爭對手就算不是不可能，也很難做得更好。」一位前輝達高階主管這麼說：「你可以多快做出來？現在為什麼做不了那麼快？」

這不只是反問句，黃仁勳就是用這個標準評判員工的績效。要是下屬設定的目標參考了公司已經做過或競爭對手當下正在做的事，他會嚴加斥責。他認為他需要防範在其他公司觀察到的那種內部腐敗，也就是員工常操弄自己的專案進度，呈現出穩定、永續的成長，藉此推進個人生涯，但實際上他們的進展小而緩慢，長遠來看反而會**傷害**公司。既然秉持「光速」的觀念，輝達就絕對不會容忍這種故意拖延的行徑。

「理論上，你能力的極限——就是光速。那是我們唯一容許的衡量基準，」前高階主管羅伯特・松格這麼說。

RIVA 128 就是「光速」專案計畫最重要的例子。當時黃仁勳面臨兩個事實：大部分的圖形晶片從概念到上市需要兩年，而輝達資金只能撐九個月。在規畫階段，黃仁勳問軟體工程師德懷特・狄爾克斯，「阻礙顯示卡上市的最主要因素是什麼？」

　　狄爾克斯回答，主要障礙是軟體驅動程式──使作業系統和
PC 應用程式能夠連接並使用圖形顯示硬體的專用程式，因為在
晶片準備量產之際，軟體驅動程式也要完全就緒。在傳統的生產
過程，第一步是打造晶片的實體原型。原型做出來，軟體工程師
才會開始設計驅動程式，並修正他們遇到的任何錯誤。然後晶片
設計至少要再進行一次優化來配合新的驅動程式。

　　為節省時間，黃仁勳下令輝達必須在原型晶片完成**前**開發驅
動程式，顛覆了傳統流程。這可以縮短將近一年的生產時間，但
公司必須另尋他法，繞過在實體晶片上面測試軟體的步驟。這就
是儘管每一塊錢都如此珍貴，輝達仍投資 100 萬美元在 Ikos 模擬
機的原因：那讓他們得以接近「光速」。

　　（後來，2018 年，黃仁勳考慮用一種暗示「比光速更快」，
也就是暗示「實際不可能」的比喻來取代「光速」。他受夠了隨
著規模成長，組織上上下下的動作愈來愈慢。他會對他的高階幕
僚大吼，叫他們趕快行動，要比光速還快，然後轉頭問羅伯特・
松格：「羅伯，《星艦迷航記：發現號》〔*Star Trek: Discovery*〕
是用什麼推進系統，讓他們可以瞬間前往某個地方？」

　　「這個嘛，曲速引擎〔Warp Drive〕比光速還快，但我想你
指的是『菌絲孢子驅動器』〔Mycelium Spore Drive〕，」松格回
答。❹

　　黃仁勳和松格都是《星艦迷航記》的鐵粉。黃仁勳大叫：
「孢子驅動器！我們得像孢子驅動器。」大家聽到都笑了。他們
決定續用「光速」，因為這是比瞬間「菌絲孢子驅動器」容易解
釋的概念。）

輝達也以其他方式突破 RIVA 128 研發過程的限制。工程師創造了一款有史以來設計過最大的晶片，在裡面塞滿比原先預想更多的電晶體來提高性能。他們獲得競爭對手授權 VGA 技術，因此不必從零開始打造優先順序排列後面的零件。黃仁勳也無情地從對手甚至合作夥伴那裡挖來頂尖工程師，包括威縟。這一切能發生，是因為輝達的員工不會任憑自己思考什麼可能行得通，或在合理情況下可以實現什麼。他們只關心如果自己盡最大的努力、浪費最少的時間，可能做到什麼。

輝達從 RIVA 128 學到的很多課題，成了公司未來晶片開發的標準。從那時起，輝達在晶片生產之初就會準備好軟體驅動程式：那時驅動程式已通過所有重要應用程式和遊戲的測試，且確定與輝達先前的晶片相容。當時，輝達的競爭對手都必須為不同世代的晶片架構獨立開發新的驅動程式，這種做法遂成為輝達相當重要的競爭優勢。❺

輝達也決定自己處理圖形驅動程式的維護，不要依賴 PC 製造商和版卡合作夥伴按照各自的時程推出更新。輝達每個月都會發布新的驅動程式。輝達前銷售主管、現任 PC 圖形業務主管傑夫·費雪解釋，要保證使用者能有持續良好的體驗，頻繁、集中的更新程序是最佳方式，藉此，遊戲玩家永遠能使用開發商和其他公司推出的最新軟體，享受最佳效能。「就 PC 的軟體而言，圖形驅動程式可能是僅次於作業系統最具挑戰性的軟體了，」他說：「每個應用程式都會碰到它，而每個新發表或更新的應用程式都有可能弄壞它。」

「可能有人比我聰明，但沒有人比我努力」

喬夫・里巴爾（Geoff Ribar）在 1997 年 12 月被挖角，離開超微半導體公司（AMD），擔任輝達的財務長，那時他就發現，他的新老闆有兩項驚人的特質：黃仁勳極具說服力，且工作極努力。❻

「可能有人比我聰明，」黃仁勳曾這麼告訴他的高階主管，「但沒有人比我努力。」❼

他通常在早上九點進辦公室，一直待到接近午夜，使他的工程師大都覺得有義務比照類似的工時。

「我常跟 AMD、英特爾或其他公司的人說，如果他們想看看輝達是怎麼做事的，不妨在週末蒞臨敝公司的停車場。那超忙的，」里巴爾說。

就連對行銷部門來說，一週工作六十到八十小時，包含每週六上班，也是常態。輝達的企業行銷主任安德魯・洛根（Andrew Logan）記得有次他離開辦公室，帶妻子去看晚上九點半上映的電影《鐵達尼號》（*Titanic*）。他走出去的時候，有個同事大叫：「呦，安迪，今天上半天啊？」❽

測試師亨利・李文回憶，每次他驚覺自己工作到很晚，現場都絕對不只他一個人。就算他待到晚上十點或更晚，輝達的圖形架構師都還在白板前面熱烈討論晶片的優化和渲染技術。與他同期的材料部主任以安・蕭（Ian Siu）記憶猶新，同事帶睡袋來上班、甚至連週末都在辦公室過夜的畫面。員工也會帶孩子來辦公室，不必離開工作地點就能與家人共度時光。

　　「我們一直拚命工作，」蕭說。他對辦公室的團隊精神和同事的緊密關係記憶猶新。

　　里巴爾很少工作到午夜，但常一大早到公司。他很快就發現座位在執行長附近有個很大的壞處：他常是早上黃仁勳第一個看到的人。而眾所皆知，黃仁勳會對他遇到的第一個人滔滔不絕，不管對方是誰。

　　「黃仁勳常徹夜思考產品或行銷的事，」里巴爾說：「幾乎都不是財務問題，但這並不重要。如果我第一個見到他，我就是第一個被他疲勞轟炸的人。」

　　隨著時間過去，輝達總部沒有任何地方是安全的，人人都有機會被黃仁勳突襲拷問。技術行銷工程師肯尼斯・賀黎（Kenneth Hurley）有一次正在廁所，結果黃仁勳從後方走到他旁邊的便斗。

　　「我不是喜歡在廁所裡聊天的那種人，」賀黎說。❾

　　黃仁勳不這麼認為。「嘿，最近怎樣？」他問。

　　賀黎回了意義不明的「普通」，惹來執行長斜眼一瞥。賀黎不由得惶恐起來，心想：「我要被開除了，因為他會認為我無所事事。他八成會懷疑我在輝達幹什麼。」

　　為保全面子，賀黎只好舉出他正在進行的二十件事，從說服開發商購買輝達最新的顯示卡，到教導開發商如何用顯示卡開發新功能。

　　「好，」黃仁勳回答，顯然對這位工程師的回答感到滿意。

「我們再三十天就要破產了」

恐懼和焦慮成了黃仁勳最愛的激勵工具。他會在每一場公司月會上說：「我們再三十天就要破產了。」

從某種程度來看，這是誇大其辭。我們將看到，緊張、高風險的 RIVA 128 開發歷程固然不是特例，但當然也不至於是家常便飯。然而黃仁勳不想讓任何自滿情緒悄悄蔓延，甚至在成功時期也不例外。他也想讓新進員工面對往後勢必會面臨到的那種壓力。如果他們不具備那種條件，最好趕快自己選擇退出，另謀高就。

但另一方面，「我們再三十天就要破產了」也非虛言。在科技業，單憑一次不良決策，或一次糟糕的產品發表，就可能致命。輝達以前交過兩次好運，勉強撐過 NV1 和 NV2 的災難，在千鈞一髮之際靠 RIVA 128 反敗為勝。吉星不會永遠高照。但優良的企業文化可以強化公司，抵禦大部分錯誤的嚴峻後果。而犯錯或市場衰退是不可避免的。

然而，誠如德懷特・狄爾克斯所言：「我們感覺一直處在零點。而原因就是不管我們在銀行裡有多少錢，黃仁勳都會解釋，只要有三件事情發生，我們就會歸零。他會說：『我說給你們聽。這可能發生，這可能發生，這也可能發生，然後所有錢就歸零了。』」

傑夫・費雪指出，恐懼可以使人清醒。即便到今天，就算輝達不會再三十天就要破產，但也很可能再三十天就會走上毀滅之路。「你一定要隨時環顧四周，看看有什麼沒注意到的，」費雪說。

那份偏執在 1997 年底來到了頂峰。英特爾向來既是輝達重要的合作夥伴，也是潛在競爭對手。輝達的圖形晶片都必須與英特爾的處理器相容，因為英特爾是 PC 市場的首要 CPU 製造商。但那年秋天，英特爾開始告訴業界夥伴將推出自己的圖形晶片，而那眼看就要硬生生搶走輝達和其他同業的生意。

就在 RIVA 128 震天價響幾個月後，英特爾宣布推出自己的晶片：i740。那是對輝達的直接挑戰──挑戰它的晶片，也挑戰它的存續。不同於 RIVA 128 採用 4MB 的影格緩衝區，英特爾 i740 有 8MB，是輝達晶片的兩倍，這也是英特爾想在業界樹立的新標準。全球每一家 PC 製造商都得看英特爾臉色，畢竟絕大部分的 CPU 都是由英特爾提供。在英特爾宣布推出 i740 後，「我們的銷售訂單開始減少了，」輝達一位高階主管這麼說。要是英特爾有辦法強迫大家改用 8MB 的緩衝區，RIVA 128 就會立刻被淘汰。

「別搞錯了。英特爾是想幹掉我們，把我們攆出業界，」黃仁勳在一場全公司會議上宣布。「英特爾已經這樣告訴員工了，員工已經深信不移。他們要把我們攆出業界。我們的任務是在他們把我們攆出業界之前宰掉他們。我們得**先下手為強**。」❿

於是卡洛琳・蘭得利和輝達團隊其他人加倍努力工作，以擊退這個新的競爭對手：當時規模（以營收論）是輝達 860 倍的公司。她常做到深夜，蹣跚回到家裡睡兩、三個鐘頭，起床繼續工作。

「我累死了。我得起床。那好難，」她告訴自己，「但我們得宰了英特爾。必須宰了英特爾。」

凌晨兩點

克里斯・馬拉科夫斯基擔任回擊英特爾威脅的先鋒。綜觀他在輝達的生涯，他總是扮演才華超群的多功能工具人。黃仁勳會指派他掌理公司任何陷入困境的部門，營運也好，製造也好，工程也好，馬拉科夫斯基都會竭盡全力修正問題。這會兒，執行長需要他回到晶片架構師的老本行，打敗 i740。

正當他全心投入這項時間緊迫、需要極度專注的專案時，馬拉科夫斯基卻發現自己還得兼任心靈導師，而他甘之如飴。一位名叫桑福・羅素（Sanford Russell）的新進人員剛從視算科技過來，還沒辦法跟上輝達技術和文化的速度。除了麥可・原的精神喊話，輝達沒什麼正式的新進人員訓練，公司的例行程序也幾乎都沒寫成白紙黑字。

有一天，羅素注意到馬拉科夫斯基會先回家和家人共進晚餐，又回來加班到深夜處理 RIVA 128ZX：為了和英特爾競爭的 RIVA 128 8MB 版。他發現如果他晚上十點整進實驗室，在馬拉科夫斯基對面找個凳子坐下，想跟這位輝達共同創辦人請教什麼都可以。❶

羅素會問他深奧的技術問題，馬拉科夫斯基會詳談這個主題幾分鐘，然後默默回去工作。羅素會坐在那裡，等馬拉科夫斯基問他還有沒有問題，大約每隔十五分鐘問一次。

「我這樣做了好幾個禮拜，耐住性子看著他，聽他一邊試著孕育一塊晶片，一邊嘀咕：『這為什麼不行？』整間公司都好努力讓晶片運作，」羅素說：「但克里斯仍費心幫助我逐步理解晶

片的知識，因為那些晶片是他打造的。他是打造那些晶片的人，而他一邊努力拯救公司，還一邊教我。」

羅素很驚訝，馬拉科夫斯基可以在腦海裡構思整個晶片架構，抽絲剝繭，直到想出辦法為止。一天凌晨兩點，萬籟俱寂，馬拉科夫斯基大叫：「我想到了！我想到了！我們可以活下去了！」

他已經將黃仁勳的偏執內化於心，而在當初火速製造出初代RIVA 128 的衝刺中，他用了一種具前瞻性的方法：他在晶片的矽片裡給自己預留了一些備用容量。現在，他可以用這個空間修改晶片，讓它容納 8MB 的影格緩衝區了。

「那是非常精細的指令變更，重設閘門線路，」他回憶道：「我們能夠在金屬層上修改功能。」

他一敲定解決方案，公司就應用聚焦離子束系統（focus ion beam，FIB）技術，在微觀層次修改晶片。FIB 儀器貌似電子顯微鏡，但不使用電子：它使用離子來修改晶片結構。修改過的晶片可以運作，救了輝達的 RIVA 系列，讓它不致馬上遭到淘汰。

馬拉科夫斯基可以一邊做這件事，一邊鼓勵這位最新的員工。2024 年，當羅素在一場會議碰到馬拉科夫斯基，他提起他們在實驗室共度的那些漫漫長夜。

「先生，是你救了我，」羅素說，感謝馬拉科夫斯基讓他在輝達的生涯（他待了二十五年才離開）有個扎實的開始。

馬拉科夫斯基不同意：「不會啦，你很好。」

「才不呢，」羅素咯咯笑著說：「當時我才不好。」

在所有標準打敗競爭對手

在某些例子，輝達對速度的關注可能導致品質降低──起碼比不上黃仁勳為公司設定的高標準。

輝達的企業行銷主任安德魯·洛根記得，輝達有一款晶片曾獲某電腦雜誌的得獎專欄評選為第二名。他之前在 S3 工作時，如果產品能擠進前三名，高階主管就很高興了。在輝達則不然。

「我們第一次拿到第二名時，黃仁勳嚴肅地告訴我：第二名就是頭號輸家，」洛根說：❿「我忘不了那句話。我明白我是在為一個相信什麼都要贏的老闆工作。那壓力很大。」

不管從哪個角度看，初代的 RIVA 128 都是一塊絕佳的晶片。它能以比競爭對手快得多的影格速率渲染高解析度圖形；就連《雷神之鎚》這種高視覺要求的遊戲也能以最高品質運作，完全不會怠速。它也是史上最大的晶片，但生產仍然夠快，而能滿足早期需求。不過，為了讓晶片如期上市，輝達團隊還是不得不做出一些取捨。渲染某些類型的影像，例如煙霧或雲朵時，RIVA 128 在成像時應用了抖動（dithering）：一種刻意使用的雜訊形式，目的在打碎或遮掩明顯的視覺不規則性。

很多遊戲玩家發現這個問題，使一本主流 PC 雜誌決定報導輝達的旗艦圖形晶片的內幕。它將使用輝達 RIVA 系列，和使用 3dfx 及另一競爭對手 Rendition 同等級、同世代的顯示卡渲染的影像並列在一起，圖片大而詳細。輝達的影像模糊不清，於是該雜誌評定輝達在三者之中敬陪末座──「看起來糟透了。」

一看到這篇文章，黃仁勳立刻把數名高階主管叫進辦公室，

在桌上攤開雜誌。他要他們說明，為什麼 RIVA 128 的成像會那麼糟。首席科學家大衛・柯爾克回答：為了讓晶片如期上市（好拯救公司），他們犧牲了一點影像的品質。

這樣的答覆只會讓黃仁勳更光火。他下令，輝達的晶片不能只在一種標準，而是要在所有標準打敗競爭對手。

那次爭吵大聲到吸引華特・唐納文注意。他就是那位在電腦遊戲開發者大會見到 RIVA 128 示範、當場申請進輝達工作的晶片架構師。他在輝達總部的座位剛好和黃仁勳的辦公室分屬兩端，因此通常不會和執行長狹路相逢。他也有嚴重的聽力受損，兩耳都戴了助聽器。但這一次，他無法對那場騷動充耳不聞，自投羅網，捲入紛爭。

唐納文向黃仁勳保證，輝達的下一代晶片——他們目前稱為 RIVA TNT 系列——不只會解決抖動的問題，也會在每一種可能拿來衡量圖像品質的標準勝過業界。他指著 Rendition 的圖像——那本雜誌評為三者最佳。

「RIVA TNT 會像這樣，」他說。

這絲毫無法安撫黃仁勳，此時此刻，他只想一個人靜靜。

「出去！」他大叫。

不喜歡輸的感覺

黃仁勳的好勝常激勵員工交出不同凡響的成績，但也可能流露這位執行長氣量狹小的一面。

為了 RIVA 128 常熬夜加班的晶片測試師亨利・李文有一次

向黃仁勳下戰帖：在輝達總部一張公用球桌打乒乓。他很清楚黃仁勳青少年時期曾是全國名列前茅的乒乓球選手。他也非常熟悉執行長在事業上非贏不可的執念。李文不明白的是，不管是哪一類的競爭，不管是事業競爭或休閒娛樂，黃仁勳同樣全力以赴。李文自認是不錯的業餘選手，完全沒料到會慘敗給他的頂頭上司。

「他殺得我片甲不留，」李文說：「我們打二十一分，他只讓我拿一、兩分。比賽一下就結束了。」

黃仁勳好勝到明知自己居於劣勢，也要挑戰其他員工。前財務長喬夫・里巴爾高中時是全國排名前五十的西洋棋手。但他的老闆無法接受有人比他厲害。

「黃仁勳知道我的棋藝。但他不服輸，自認比我聰明，可以打敗我，」里巴爾說：「他不可能下贏我，但他盡力了。」

黃仁勳試著透過「死記硬背」來拉近他與里巴爾之間的實力差距。他硬背開局和各種棋路，以便能掌控棋局。但里巴爾發現他的棋路套路。每當他見到黃仁勳擺出他剛學到的標準開局，里巴爾就會用非正統的走法來阻撓老闆的策略。黃仁勳每一次輸，都會大臂一揮，把盤上棋子全部撥倒，氣沖沖地離開。有時他之後會堅持上乒乓桌再戰。里巴爾欣然接受，明白黃仁勳是故意把賽事移往對自己有利的戰場。

「他乒乓很強，」里巴爾說。「我還行，但他會痛宰我一頓來報仇。乒乓打贏我，有助於宣洩他輸棋的挫折。」

和台積電聯手

輸棋不是唯一會讓他感到沮喪的事。一如其他圖形晶片公司，輝達只設計產品和製作產品原型——並未實際量產。晶片製造是外包給全球為數不多的專門的晶片代工公司。這些公司投資數億美元建立無塵室、購買專業設備和聘請技術高超的人員，來將小小的矽晶圓製成先進的電腦設備。

輝達自創立以來，就一直委託歐洲晶片集團意法半導體（SGS-Thomson，1998 年更名為意法半導體〔STMicroelectronics〕）製造它的晶片。黃仁勳和其他兩位共同創辦人早在第一次和紅杉資本開會時就知道，意法半導體的聲譽並不卓著；而面對東亞較低廉的勞力，它也很難保有競爭力。

但如今輝達大量創造和銷售優秀晶片，意法半導體的弱點就更難忽視了。1997 年底，業務主管傑夫・費雪為一支來自捷威科技的團隊安排參觀意法半導體位於法國格勒諾布爾（Grenoble）的製造廠。RIVA 128 已經上市好幾個月，來自遊戲玩家的需求強勁。這趟行程原本該是費雪和輝達同慶的勝利之旅。

在飛往法國的班機上，費雪得知意法半導體在輝達的旗艦產品上遇到良率問題。而這間代工廠預估，它只吃得下捷威大約一半的訂購量。費雪記得，「那時我們得和意法半導體的人祕密磋商，討論該怎麼跟捷威傳達這件事。」[13]

那次災難性的工廠之旅只是全面危機的第一個警訊，而危機終於在感恩節爆發。費雪原本要去印地安那州北部的岳母家中休他久違的假，結果整個假期幾乎都在打電話，通知戴爾和其他

電腦製造商這個壞消息：他們先前所訂購那個冬季最火熱的顯示卡，沒辦法如數拿到了。而他一邊和怒氣沖沖的廠商通電話，也不忘向執行長報告意法半導體的近況。

「我們已經跟所有客戶簽約，都是我們夢寐以求的客戶，而現在我們卻得進入分配模式，」他說。

黃仁勳一直告誡員工同樣的錯誤千萬別犯第二次──而現在他發誓絕對不會屈就於無法達成輝達所需生產水準的代工夥伴。所幸，他心裡還有一家供應商。

輝達於 1993 年成立時，黃仁勳曾辛苦地尋找製造晶片的產能。他曾數度致電台積電自我推銷──那是世界公認最好的製造商，紅杉的唐·瓦倫丁更是建議黃仁勳從一開始就要找台積電合作──但電話始終沒有打通。1996 年，他嘗試更私人的接觸。他寫了封信給台積電的執行長張忠謀，問能否與他討論輝達的晶片需求。這一次，張忠謀打給他了，而這兩位男士約好在森尼韋爾碰面。❶

那次會面，黃仁勳勾勒了輝達未來的計畫，解釋為什麼輝達這一代的晶片需要更大尺寸的裸晶，未來還會更大。他如願從台積電那裡要到一些產能來彌補意法半導體的不足，而雙方的關係似乎進展得頗為順利。張忠謀常回到森尼韋爾確定輝達獲得所需的全部產能，把重點記在一本小黑本上。他甚至在 1998 年度蜜月期間也繞過來拜訪。

「我從這個工作獲得最大的樂趣就是看到我的顧客成長、賺錢並大獲成功。」張忠謀這樣說，而對於像輝達這種成長快速的顧客，尤其如此。

漫畫圖解輝達與台積電的合作關係。（輝達資料圖片）

❶ 1987 台積電成立於台灣新竹。

❷ 1995－1996 收到黃仁勳的來信後，張忠謀打電話到輝達的辦公室。黃仁勳叫大家安靜一點，他要聽清楚張忠謀說什麼。

❸ 我是台積電的張忠謀，我要找黃仁勳先生。

❹ 各位！小聲一點！是張忠謀打來的！

❺ 1998 張忠謀拜訪輝達的泰洛斯道園區看看作業情況。台積電製造了輝達最成功的兩塊晶片—— RIVA 128 和 RIVA TNT。黃仁勳後來才知道當時張忠謀與夫人張淑芬是在度蜜月。

❻ 仁勳，我們來談談 3D 圖形吧。你跟我們要很多很多晶圓。你真的需要那麼多嗎？

❼ 忠謀兄，3D 圖形將是龐大的產業。打電玩是殺手級應用。有朝一日，大家都會打電玩。3D 將成為電腦產業的驅動力。

❽ 有趣了……所以，那麼多晶片你賣得完嗎？

❾ 400 萬

❿ 800 萬

⓫ 1999 輝達掛牌上市

⓬ 2001 黃仁勳送禮祝賀張忠謀七十大壽。「睿智的探險家，發現通往未來的途徑，為眾人指引明路。」

⓭ 2004 黃仁勳獲頒第一屆「張忠謀博士模範領袖獎」

⓮ 2004 年 3 月 9 日 張忠謀到黃仁勳家裡和黃仁勳夫婦及孩子吃飯聊天。張忠謀回憶他在德州儀器的日子。

⓯ 你在台積電之前做什麼？

⓰ 我生涯初期是在德州儀器工作，我們是做科學計算機的。

⓱ 酷欸！我和史賓賽有設計程式，用我們的 TI-89 玩遊戲。

⓲ 2007 黃仁勳在電腦歷史博物館採訪張忠謀。

⓳ 2011 黃仁勳在台積電領袖論壇致詞。

⓴ 2011 頭一個 CoWoS 測試晶片（採用先進封裝技術的晶片）

㉑ 2013 黃仁勳和張忠謀及夫人張淑芬一同慶祝他的五十大壽。張淑芬讓黃仁勳挑選一幅她的畫作當禮物。

㉒ 黃仁勳生日快樂。恭賀五十大壽，我和張忠謀有個特別的禮物要給你。這些都是我畫的，請挑一幅你最喜歡的。

㉓ 這一幅好美呀……

㉔ 這幅也好漂亮……

㉕ …… 我只能選一幅嗎？

㉖ 2011 台積電製造 10 億晶片

㉗ 2014 張忠謀獲得「史丹佛工程英雄」殊榮。黃仁勳負責開場演說，強調張忠謀的成就。

㉘ 張忠謀已將台積電打造成全球仰賴的半導體平台，不管製造什麼都要靠台積電。

㉙ 2017 黃仁勳出席台積電三十週年慶。

㉚ 2015 發表第一個 CoWoS Tesla 帕斯卡微架構。

㉛ 2017 張忠謀授予黃仁勳交通大學榮譽博士學位。

㉜ 2017 台積電運出近六百萬個 12 吋晶圓給輝達。

㉝ 忠謀兄，
你的事業生涯是世間絕無僅有—是貝多芬的第九號交響曲。
你建立純代工廠的遠見、長期雙贏關係的哲學、以及「跳火圈」完成傑出執行業績的敏捷度，都是引領眾人的精神，讓大大小小的公司都能以台積電為基礎成長茁壯。台積電是你畢生的成果—是真正偉大的公司，深受業界、夥伴乃至對手崇拜與敬重。是一個國家的驕傲，無比重要的公司，更是藝術傑作。我會珍惜我們許多美好的回憶、不可思議的旅程，和偶爾的摩擦。與你合作一直是我事業生涯最快樂的事。

你的夥伴和朋友
黃仁勳

　　這兩位執行長和兩人的公司在非常短的時間就變得十分密切──而輝達和意法半導體之間的關係，惡化得幾乎一樣快──到了 1998 年 2 月，輝達將台積電定為主要供應商。這正好在輝達宣布推出最新晶片 RIVA 128ZX 時發生：那在英特爾備受關注的 i740 登場後十一天即亮相，輝達定位為明顯優於競爭對手的改良版。它提供比 i740 更好的效能、跟 i740 一樣的 8MB 影格緩衝區，售價每塊 32 美元，只比英特爾的定價 28 美元略高。就算英特爾想削價競爭，RIVA 128ZX 仍可望保住輝達在 PC 市場的霸主地位。

　　然而生產問題再次浮現。1998 年夏天，台積電生產的 RIVA 128ZX 出現製造缺陷。缺陷是鈦合金的殘留物所引起，那隨機四散在晶片不同部位，因此無從判定哪些晶片有問題，哪些可正常運作；只有一件事是確定的：大部分的 RIVA 128ZX 被污染了。

　　克里斯・馬拉科夫斯基再次出馬搭救。

　　「我們何不一塊一塊晶片測試，每個部分都執行軟體呢？」有一天他這樣問。

　　「哪有可能做這種事，」另一位輝達高層回答。

　　「為什麼不能？」馬拉科夫斯基反問。❺

　　這表面上是個荒謬的建議。若這麼做，輝達需要把數十萬塊晶片運到公司總部做手動測試──它必須把它亂七八糟的辦公室和工作區改造為大型晶片測試實驗室。這將是對黃仁勳「光速」準則的最大考驗。

　　輝達將一棟建築改成大型測試生產線，有開放式的電腦主機殼、主機板和 CPU。「這是一項大規模行動，」克蒂斯・普里姆

這麼說：「你晚上十一點回家時經過實驗室，會看到幾十個人還在裝晶片。」❿

那個過程極度「龜毛」。普里姆記得他們不得不重複測試，因為有時有缺陷的晶片會因為與晶片本身無關的原因而過關，例如在下一次測試前，測試裝置的電源沒完全切斷。

一開始，輝達的員工和管理階層全員投入。但很快，這種高精確測試的壓力讓工程團隊精疲力竭。為減輕員工的負擔，黃仁勳雇了數百位低技術要求的契約工——輝達員工叫他們「藍衣人」，因為他們穿的實驗室外袍是藍色的。沒多久，建築裡「藍衣人」人數就多過輝達工程師了。這些額外的人力讓公司得以測試每一塊晶片，再送交給顧客或丟棄。

輝達員工和藍外套測試人員之間有明顯的文化和階級歧異。卡洛琳‧蘭得利看出，教育程度較低的移民藍衣人，和受過高等教育的工程師之間的隔閡愈來愈深。

首先，她注意到沒有人想坐下來跟藍衣人一起吃午餐。

「我們加拿大人比較有平等觀念。」她說。不顧餐廳裡那些不苟同的眼光，她「會去跟藍衣人坐在一起，認識他們。然後其他工程師就會說三道四：像是『妳跟藍衣人一起吃午飯？幹嘛啊？』太奇怪了。我不懂他們的心態。」

最大的分歧在食物上。輝達給的伙食補貼相當大方：早、午、晚餐外加免費零食，從糖果到洋芋片到泡麵都有。看到這個，藍衣人（先前的工作一般沒有免費餐點）就會去自助餐廳盛一大堆食物，而飲料零食櫃每星期五一補滿，就會被他們一掃而空。

「我有個週末進公司，看到一堆人拿購物袋裝滿東西，扛進他們的車子裡，」一個輝達員工說。

「在他們心目中，那是免費的。那不是偷竊，那些東西就放在那裡給人家拿，所以他們拿了，」蘭得利說。

輝達員工一天到晚抱怨，使得黃仁勳寄了一封 email 給全公司，主旨是：「把你的豬排給藍衣人。」如果測試人員想要你餐盤裡的主菜，你該給他們。黃仁勳認為輝達員工該對藍衣人表達感激，因為若非他們鼎力相助，公司不可能度過如此重大的危機。比起他們的協助，零食被拿光的小麻煩根本不算什麼。

暫緩 IPO

但就算有藍衣人幫忙，輝達也無法克服生產減緩的問題。喬夫・里巴爾獲聘為財務長就是為了準備公司的首次公開發行，而那將由投資銀行摩根士丹利（Morgan Stanley）承銷。然而，隨著晶片賣完，輝達對潛在投資人的吸引力明顯減弱。它的季營收攔腰折半，從 1998 年 4 月底的當季 2,830 萬美元掉到同年 7 月底的當季 1,210 萬美元。但它的支出仍不斷上漲，使它的淨虧損從每季 100 萬美元暴增到 970 萬美元。不過六個月前，輝達才創下有史以來第一個獲利季度，現在，它正以告急的速度賠錢。

若是景氣大好，輝達惡化的資產負債仍可能吸引適合的買主，但已籠罩東亞和東南亞快一年的金融危機，也澆熄了世人對於高風險的首次公開發行的熱情。摩根士丹利決定暫停程序。首次公開發行將為輝達注入它迫切需要的現金。但現在暫緩了，而

里巴爾算出，照公司目前的燒錢速度，它「不用幾個禮拜」就破產了。❼ 也就是說，RIVA 128 的處境重演。

　　黃仁勳必須仰賴他的說服力和天分來率領輝達度過新的危機。他向輝達的三大客戶：帝盟多媒體、STB 系統和創新科技請求過渡融資（bridge financing）。三家公司相信輝達高超的技術實力，各買了價值數百萬美元的 RIVA 晶片用在他們的高階顯示卡上。黃仁勳認為過渡融資能帶給輝達足夠的時間和營運現金，從暫時的挫敗中恢復。為使交易更誘人，他將貸款結構設計為可轉換公司債，也就是在公司首次公開發行時，可依最終上市牌價的 90% 轉換為股權──這將給輝達的準債權人遠高於普通貸款利息的潛在獲利。經過兩週談判，1998 年 8 月，三家公司同意貸款給輝達，總金額 1,100 萬美元。黃仁勳不僅正確判斷他們對輝達的信心，也順利將那份信心轉化成與最大顧客更親密的關係。

　　儘管財務獲得紓困，里巴爾仍準備走人。壓力「大到我頭髮都白了」，他後來說。1998 年 10 月，曾在 AMD 指導過他的馬文‧柏基特（Marvin Burkett）召募他加入日本電子公司 NEC，協助扭轉顯示器部門的局面。他在輝達沒待滿一年──待不夠久，連第一批輝達股票都還沒兌現就離職了。

三團隊，兩季節

　　說來矛盾，輝達明明是差點因為產能吃不消而破產，黃仁勳的因應之道卻是：重組整間公司架構，以便**更快**推出新設計。他把行銷主管麥可‧原叫進辦公室腦力激盪。就黃仁勳所觀察，似

乎沒有哪家公司能在業界永遠領先。那些領先一年的公司，例如S3、曾氏實驗室（Tseng Labs）和邁創，通常在一、兩代晶片後就被取代了。

「麥可，我不懂，」他說：「看看 PC 圖形產業，為什麼一家公司沒辦法保持領先超過兩年呢？」❽

既然輝達已經是市場龍頭品牌之一，不再是挑戰品牌，黃仁勳開始執著於這個問題。他把那變成一個玩笑：「唯一比我們產品長命的東西是壽司」，他常這麼跟輝達的員工說。黃仁勳認為哪家公司能解決這個問題，就能在其事業周圍築起強大的護城河。

曾在輝達數個競爭對手任職的原，向黃仁勳解釋市場動態。整個產業是跟著電腦製造商的節奏律動，而電腦製造商每一年會推出兩次新產品：在春季和秋季。秋季的檔期比較重要，因為有8 月開學季，持續到耶誕新年購物季。電腦製造商覺得每六個月就必須推出新產品，並且以最新、效能最佳的晶片為號召。他們不斷四處搜尋更好的晶片來安裝在個人電腦，只要有更快、品質更好的零組件問世，隨時都會以新的供應商取代現有的供應商。

晶片製造商，包括輝達在內，要花十八個月來設計和發行新的晶片，而且通常一次只能研發一款。但繪圖技術卻日新月異，使得晶片製造商還來不及推出新產品，晶片功能就已經過時了。

「這樣不行。一定要想辦法解決這個設計週期的問題，」黃仁勳說。RIVA 128 已顯示輝達可以在不到一年內設計並推出一款新晶片，雖然那是迫在眉睫的破產促使公司不得不動得那麼快。輝達要如何複製 RIVA 128 的生產速度，並且以更可重複、更永

續的方式進行呢？

　　幾個星期後，黃仁勳向他的高階團隊宣布，他已經想出如何讓輝達永遠保持領先了。「我們要從徹底重組工程部門，來與更新週期趨於一致，」他說。

　　輝達將把設計團隊分成三組。第一組負責設計新的晶片架構，另兩組與第一組平行，負責以新晶片為基礎，研發更快速的下一代產品。這將能讓公司每六個月就發表一款新的晶片，與 PC 製造商的購買週期一致。

　　「我們不會失去我們的插槽，因為我們可以回去跟 OEM（原始設備製造商，即 PC 製造商）說，『這是我的下一代晶片，使用同樣的軟體。它有新的功能，而且更快。』」他解釋說。當然，這種對策需要的不只是重組輝達的設計團隊。公司先前做過的許多技術決策也派上用場。

　　講輝達成立之初，克蒂斯・普里姆發明了一種「虛擬化物件」（virtualized objects）架構，也將納入輝達所有晶片中。輝達一採用更快的晶片發表節奏，那便成為更大的優勢。普里姆的設計有個「資源經理人」（resource manager）軟體，基本上就是加在硬體上面的迷你作業系統。「資源經理人」讓輝達的工程師可以模擬某些通常需要實際印刷到晶片電路上的硬體功能。這會損失一點效能，但能加快創新的速度，因為輝達的工程師可以承擔更多風險。要是新功能尚未準備好在硬體運作，輝達可以用軟體模擬。反之，如果有足夠的剩餘算力，工程師就可以取出硬體功能，節省晶片面積。

　　對輝達大部分的對手來說，要是晶片上的硬體功能沒準備就

緒，就代表時程要延後。多虧普里姆的創新，輝達不會發生這種狀況。「這是這顆星球上最厲害的設計了，」麥可·原說：「那是我們的獨門祕方。要是我們漏掉什麼功能，或某種功能故障，我們可以把它放進資源經理人，就能運作了。」❿ 輝達的業務主管傑夫·費雪同意，「普里姆的架構非常重要，讓輝達可以用更快的速度設計和製造新產品。」❷⓿

輝達也進一步強化軟體驅動程式的後向相容性：在 RIVA 128 即已做到這個功能。但那是在輝達創立之前就有的心得：普里姆是在昇陽電腦的日子領悟到的。他聽說在一場新版 GX 圖形晶片的業務會議上，有人告訴銷售團隊，新晶片和舊的軟體驅動程式相容。如果顧客把新 GX 安裝到既有的昇陽工作站電腦，一樣可以運作。顧客不必等待安裝新軟體就能使用他新買的圖形硬體了。銷售團隊全體起立為簡報者熱烈鼓掌。普里姆一得知那種反應，便記在心裡：統一驅動程式，解決了銷售人員的一大痛點——想必也解決了顧客的痛點。

「我們心想，好，這一定很重要，」他說：「結果證明，對輝達非常重要。」㉑

黃仁勳認為模擬和後向相容的驅動程式不只是好的技術原則，更是競爭優勢。他相信只要同時擁有這兩者，公司就能實行他新的加速生產時程——他稱為「三團隊，兩季節」。他相信輝達有機會永遠在業界獨占鰲頭。黃仁勳向來堅信，輝達的晶片永遠是市場裡最好的，以前幾乎都是如此，以後也不會改變。現在，該公司可以推向市場的晶片數量是之前的三倍，而且沒有一塊開發周期超過六個月。就算有競爭對手提供的產品略勝一籌，

PC 製造商也沒有捨棄輝達的誘因，因為他們知道，六個月後輝達就會有更快的晶片問世，而且不必費心更換驅動程式。

輝達的迅速迭代意味「競爭對手永遠只能在鴨子後面射擊」，黃仁勳這麼形容。其他圖形晶片製造商就像瞄準移動中的標靶，而非瞄準目標射擊的獵人，落在後面了──有太多新的晶片層出不窮。輝達的競爭對手就是應接不暇，左支右絀。

「不管哪一種產品，最重要的特徵就是時程。」黃仁勳後來說。❷

到了 1999 年底，輝達已依照「三團隊、兩季節」的策略重組了它的設計和生產模式。公司有要求員工以「光速」運作的哲學，依實際上可能達成的標準衡量績效，而非其他公司正在做什麼，或輝達過去已經或未能完成什麼。它還有這句企業真言──「我們再三十天就要破產了」──這是對抗自滿的警告，也傳達這個期許：每一個人，從執行長開始，都要竭盡所能努力工作，就算犧牲公司外的生活也在所不惜。

第 6 章

贏就對了

當輝達為了主宰圖形晶片市場而加快生產時程和方法，它的競爭對手豈會坐以待斃。1998 年 9 月，3dfx 提出專利侵權訴訟，指控輝達竊取它的一種渲染方法。宣布訴訟的新聞稿列了一個連結，可連到輝達網站上介紹那個技術的頁面。輝達的行銷團隊不甘示弱，修改了那個網頁，因此點選新聞稿網址的人都會看到一張橫幅，寫著：「歡迎來到輝達，全球最偉大的 3D 圖形公司。」

不過一年前，3dfx 還自信滿滿：輝達一定會破產，他們甚至沒有特地出手解決這個猶如困獸的對手。現在，形勢幾乎完全逆轉。遵照「三團隊、兩季節」策略，輝達準備在 3dfx 只會推出一塊晶片的時間內接連發表三塊晶片。3dfx 最新的晶片巫毒 II 已在 1998 年 2 月問世，而在兩款下一代晶片的開發週期上，該公司只走到一半。這兩款的代號都呈現 3dfx 典型的誇大風格：「燒夷彈」（Napalm）預定在 1999 年年底推出，「橫衝直撞」

（Rampage）則預定在 2001 年上市。照目前的步調，3dfx 的高階產品發表將落後輝達一年以上。

而 3dfx 的領導人就連對這般緩慢的發表時程都沒信心。該公司的工程師「希望我們出貨的每一件產品都盡善盡美」，行銷高層羅斯‧史密斯說。❶「每一塊晶片都有『功能蔓延』（feature creep）的問題，而輝達的心態就是把這塊晶片準備好的東西在期限內完成，把其他功能推給下一款晶片處理。」

3dfx 還以另一種方式為它自身的成功所困。擔任公司工程主管的共同創辦人史考特‧塞勒斯說，巫毒 II 太暢銷，使公司很難管理它的配銷通路，以及和顯示卡合作夥伴之間的關係。

「我們有些品管問題，因為有些板卡製造商並未遵守我們的設計準則，」他說。❷「品質不良開始衝擊我們的顧客滿意度。」

整個業界都很清楚輝達有本事將挑戰轉化為機會。現在 3dfx 也力圖做這件事。但他們的方法卻與輝達呈現鮮明對比。

首先，為仿效輝達在市場推出更多晶片的策略，3dfx 宣布將在產品組合增加數款新品，其中包括巫毒 Banshee 和巫毒 III ——兩者都設計成結合 2D 和 3D 的加速器，而非 3dfx 至今生產的純 3D 晶片。不同於輝達的產品規畫——透過為重點市場製造單一晶片的多種衍生版本來提高效率—— 3dfx 有過分複雜的產品線，同時鎖定太多不同的目標客群，且不打算重複使用共同的核心晶片設計。

其次，3dfx 決定拓展進入圖形產業的一個全新的領域。1998年 12 月，它以 1.41 億美元買下顯示卡製造商 STB 系統公司。此

舉理論上合理。STB 是主要的板卡製造商,把它納入旗下,3dfx 將對板卡供應鏈擁有更多的控制權。3dfx 也能直接對消費者建立品牌知名度,因為現在晶片和板卡都是以 3dfx 的品牌販售。

更重要的是,從策略的角度來看,3dfx 相信這次購併將重創輝達。STB 以往跟輝達關係密切。它是第一個給輝達 RIVA 128 訂單的(就是黃仁勳在那場全體會議戲劇化宣布的訂單)。自 RIVA 128 上市,它就成了輝達的主要板卡夥伴,甚至才在三個月前借錢給輝達作為過渡融資。購併之後,3dfx 便強迫終止雙方的合作關係。STB 宣布從今以後,它的板卡只搭載 3dfx 的晶片。

「我們知道這是拿公司作為賭注的策略,」塞勒斯說:「我們就是覺得自己做得到。」

可惜 3dfx 的策略性舉措和產品博弈無一奏效。它在開發中階顯示卡的 2D 晶片舉步維艱,因為比起 3D 晶片,公司內部較不具 2D 的專業。當 STB 執行只使用 3dfx 晶片的政策,其他板卡製造商便以轉向輝達購買晶片來報復,因此抵銷了 3dfx 假想的優勢。而塞勒斯自認 3dfx 可有效管理新購併的事業,這也大錯特錯。3dfx 高層先前完全沒有監督零售實體配銷通路或複雜板卡製造供應鏈的經驗。一納入 3dfx 麾下,STB 反而讓它新的母公司無法再專注於晶片設計的核心業務。

最重要的是,上述積極措施沒有一個解決 3dfx 的主要問題,也就是再也無法以必要的速度製造高效能晶片。完美主義、管理不當,和領導層注意力分散,共同導致產出變得緩慢。中階的巫毒 III 原欲作為 3D 晶片上市之間的墊檔產品,結果拖到 1999 年 4 月才上市。「燒夷彈」和「橫衝直撞」則又落後進度更多了。

「我們真的該忠於本業的。」羅斯·史密斯說：「當初要是3dfx 準時推出『燒夷彈』和『橫衝直撞』，輝達就一點機會也沒有了。」

3dfx 很快面臨營運徹底崩潰。它沒辦法管理 STB 存貨，中階卡賣不出去，現金又燒光了。該公司的債權人在 2000 年底啟動破產程序。12 月 15 日，輝達買下 3dfx 的專利和其他資產，並聘用它的一百名員工。2002 年 10 月，3dfx 申請破產。

那些前 3dfx 工程師一抵達輝達，就迫不及待想挖出這位打敗他們的對手擁有哪些獨特的製程或技術，竟有辦法每六個月就推出一款新晶片。德懷特·狄爾克斯還記得，當他們發現原因比想像中簡單得多，他們有多震驚。

「噢我的天啊，我們來到這裡，以為有什麼獨門祕方，」一名工程師說：❸「原來只是真的拚命工作和嚴格按時程執行罷了。」換句話說，是輝達的文化造就了這一切。

挖角的技術

設法讓公司作業流程盡善盡美，只是輝達防範未來機構失能計畫的一環。另一個環節是網羅最好的人才。輝達的優質產品能吸引高素質的應徵者。但往往，輝達必須引誘競爭對手的人才前來投效。像這次隨著 3dfx 滅亡這樣一次挖來百位工程師的例子絕無僅有。因此，黃仁勳和他的團隊已學會企業挖角的藝術。

1997 年，黃仁勳問麥可·原有沒有認識任何優秀人才可能想要加入輝達。原建議時任視算科技首席工程師的約翰·蒙特拉姆

（John Montrym）。蒙特拉姆堪稱業界傳奇，以其圖形子系統的作品，例如 RealityEngine 和 InfiniteReality 著稱。他也和輝達的共同創辦人克蒂斯‧普里姆有一段淵源：兩人曾在佛蒙特微系統共事。

黃仁勳邀請蒙特拉姆來輝達辦公室共進午餐，還開門見山的說：「約翰，你該考慮過來輝達，因為我遲早會消滅 SGI。」他這麼說，緊接著解釋：一旦輝達進入數百萬台的 PC 市場，得到更好的規模經濟優勢，SGI 靠每年賣幾千台工作站電腦，是沒辦法競爭的。❹ 蒙特拉姆婉拒了。

再來換克里斯‧馬拉科夫斯基和輝達的首席科學家大衛‧柯爾克試試。在另一次午餐會上，他們告訴蒙特拉姆，「你用 SGI 的 RealityEngine 和 InfiniteReality 所做的一切，輝達將放進 PC 的單晶片上，而那就是 SGI 的末日了。當那一天來臨，你希望你正在哪邊工作？」❺

普里姆也試著吸收蒙特拉姆。兩人約在加州山景城（Mountain View）的聖詹姆士醫院燒烤啤酒餐廳（St. James Infirmary Bar & Grill）碰面。普里姆堅信視算科技已「走入死胡同」，他的老同事該來輝達與他並肩作戰。❻ 這一次，蒙特拉姆還是沒被說服。

於是黃仁勳決定改弦易轍——用技術而非空口白話說服蒙特拉姆。他叫研發團隊模仿 SGI 想展現本身新技術時慣用的做法，為他們最新的晶片原型做個軍事主題沉浸式模擬遊戲的示範品。然後，他叫原再打個電話給蒙特拉姆，邀他過來輝達實驗室親自看看現場示範。

「這一次會比較好玩，」黃仁勳向原保證。

蒙特拉姆一到，原便展示新的原型。「這不就是 InfiniteReality 在做的嗎？」他問。

新策略奏效了。當然，蒙特拉姆心知肚明，黃仁勳評估 SGI 相對弱勢的說法正確。由於市場較小，他目前的雇主只負擔得起每兩、三年出一款新晶片。相形之下，輝達每六個月就可以推出一項新設計。輝達的創新速度遠非 SGI 所能及，那遲早會遙遙領先到 SGI 再也追不上。但現場示範更具震撼力。那顯示輝達握有如此豐沛的資源和如此傑出的人才，僅需幾個星期就能做出蒙特拉姆得花更久時間才能研發出來的圖形引擎——而且就只為了召募一個人。蒙特拉姆一週後便向 SGI 請辭。

德懷特·狄爾克斯說蒙特拉姆的變節猶如「分水嶺，因為好多工程師尊敬約翰，他們都想過來跟約翰一起工作」。在蒙特拉姆加入輝達後，每當公司開出一個軟體開發師或晶片工程師的職缺，視算科技員工的履歷表和應徵信就如雪片般飛來。❼

可想而知，失去蒙特拉姆讓 SGI 非常不爽，也擔心更多人才跳槽輝達。1998 年 4 月，SGI 控告輝達專利侵權，指控 RIVA 處理器系列侵害該公司的高速紋理映射技術。

雖然一開始有些員工很擔心訴訟，輝達的企業行銷總監安德魯·洛根卻興奮不已。

「我的語音信箱接到一通《華爾街日報》（*Wall Street Journal*）的來電，」他在訴訟宣布後告訴同事。「這太完美了。我們上頭條了！」

黃仁勳同意。他走遍每間辦公室，跟每個人握手，說：「恭

喜！我們被世界最重要的圖形公司告了。我們是號人物了。」

　　訴訟最終無法成立：要告成，SGI 必須證明有財務損失，但 SGI 只引用輝達內部的銷售預測為證據。輝達的律師主張這些預測本來就不可靠，因為那是以對市場的廣泛假設為基礎，而那往往是不精準的，因此不能作為衡量任何真實損害的標準。

　　1999 年 7 月，兩間公司達成和解，而條件看起來大都對輝達有利。

　　「我們要雇用他們五十名員工，並成為他們低端圖形系列的供貨商。到頭來，我們還得到一個合作夥伴，」狄爾克斯說。❽ 於是，輝達再一次贏得好幾位矽谷最傑出的工程人才。

「粗略的公平」原則

　　隨著輝達逐漸成長，它對供應鏈夥伴的潛在影響力也日漸雄厚，而它原本大可對各公司施壓，強迫他們幫自己賺錢。但黃仁勳的業務關係哲學是和最關鍵的供貨商維持友好關係。

　　輝達剛開始和台積電合作時，蔡力行是這家晶片製造商的營運執行副總經理。後來升任執行長的他，當時負責所有製造業務，也是和輝達聯繫的首要窗口。「我幫黃仁勳做晶圓，」蔡力行說：「從一開始，他的才華和領袖魅力就展露無遺。」❾

　　台積電剛開始和輝達合作時，整個產業仍以較小的規模運作。蔡力行記得他花了 3.95 億美元蓋了第一座 8 吋晶圓代工廠——今天這個金額只夠買一部晶片製造機。

　　不出幾年，輝達在圖形領域的成就，使它成為台積電排行前

三甚至前兩名的客戶。蔡力行記得黃仁勳在價格方面咬得很硬，很會討價還價，而且會一再重申輝達只有 38% 的毛利率。有一回，雙方爭執不下，促使蔡力行飛往加州，在一家沒比丹尼好多少的餐廳跟黃仁勳碰面。

「我們試著化解爭端。細節我忘了，」蔡力行說：「但我真的服了。黃仁勳告訴我，他做生意的哲學叫『粗略的公平』。」黃仁勳解釋「粗略」的意思是合作關係並非一片平坦，而是有高低起伏。公平是最重要的。「經過一段時間，就說幾年好了，雙方的利益會大致均衡。」

對蔡力行來說，這也可以拿來形容雙贏的合夥關係——雖然並非每一次都雙贏。有時一方會在特定交易或事件拿到比較多好處，下一次就會主客易位了。只要幾年後雙方大約五十比五十，

1999 年，黃仁勳攝於他的辦公桌前。（輝達資料照片）

而非六十比四十或四十比六十，這就是正向關係。他記得那時覺
得黃仁勳說得非常有道理。

　　「那些事情讓我對黃仁勳這個人，和他的生意人特質印象
深刻，」蔡力行說。「當然，當我們的晶圓沒有按時交貨給他，
他會毫不客氣打電話給我。完全不會客氣。但跟他一起，我們遭
遇、也克服了許多逆境。如果你看兩家公司，過去三十年來，你
找不到更好的夥伴關係了。」

公司上市

　　1999 年 1 月 22 日星期五，輝達終於上市。隨著亞洲金融危
機落幕，公司財務穩固，事實證明投資人為之風靡。公司透過出
售股份籌得 4,200 萬美元，而它的股價在上市交易首日收盤時上
漲 64%，達到每股 19.69 美元。以此價格計算，輝達的市值達到
6.26 億美元。❿

　　輝達總部裡面鴉雀無聲：他們沒有歡天喜地，而是如釋重
負。經過幾季差點現金用罄，首次公開發行的收益帶來起碼一段
時間的安全感。這是輝達至今得過最大的一筆意外之財──遠比
那筆過渡融資或任何一筆創投資金都來得大。

　　「我們現在總算有點喘息的空間了。」前工程師肯尼斯・賀
黎回想他對掛牌上市那一天的感覺。「我們籌到一些錢，我們不
會倒了。」⓫

　　黃仁勳則不見熱情，反倒顯得挑釁。一名《華爾街日報》的
記者請他對掛牌上市發表評論，他這麼回答：「我們有過一些挫

敗，但有人告訴我，我是最難幹掉的執行長。」**⓬**

　　話雖如此，輝達的高階團隊仍給自己難得的片刻來享受成就，夢想下一個可能的成績。在一場不在公司召開的管理會議上，他們討論了要是公司股價漲到一百美元，他們每個人要做什麼（當時的股價是 25 美元）。行銷主管丹・韋佛利（Dan Vivoli）發誓要在腿上刺輝達的 logo。業務主管傑夫・費雪要刺在屁股。首席科學家大衛・柯爾克答應把指甲塗成綠色，人資主管約翰・麥索利則自願穿乳環。三位創辦人之中有兩位玩更大：克里斯・馬拉科夫斯基要剃莫霍克髮型（mohawk），克蒂斯・普里姆要剃光頭，**並且**在頭皮上刺輝達的 logo。黃仁勳答應打左

克蒂斯・普里姆的輝達標誌髮型。（輝達資料照片）

邊耳洞。❸ 韋佛利把大家的承諾記在一張餐墊紙上，然後裱框展示。在那一刻，沒有人認為他們沒過多久就得實現承諾。沒有人敢相信，不用多久，輝達的股價就會翻倍再翻倍。

「跑得快的人，可以占領所有地盤」

　　拿著首次公開發行得到的錢，輝達開始拓展策略合作。公司已聘來科技業老鳥奧利佛・巴爾圖克（Oliver Baltuch）管理和微軟、英特爾和 AMD 等大公司的重要關係。巴爾圖克被授予自由支配資金的權利。這和他先前擔任過的職務有天壤之別——他以前都得掐緊預算。

　　巴爾圖克有個年輕同事叫北濱健太，他剛從大學畢業，就被聘來確保輝達和大顯示器供應商合作順利。北濱生性害羞，且對業務開發流程所知不多。有一天，巴爾圖克正在喝他每天都要喝的那杯茶，北濱走過去，問：「這件事最好的做法是什麼？」

　　巴爾圖克說：「你手上有業界最炙手可熱的商品。用就對了。」他指的是輝達最新的顯示卡，名喚 GeForce。他吩咐北濱去找另一位產品經理喬夫・巴羅（Geoff Ballew）聊聊，並巡視一下輝達總部，盡量搜括他能找到的備用 GeForce 卡。然後，他要「打電話給每一家顯示器公司，告訴他們你想拜訪，並免費送他們一張 GeForce 卡。」

　　出乎北濱意料，這個策略奏效了。顯示器製造商不只接他電話——也殷切地回覆他的提議。他們都想盡快拿到輝達的最新產品，不管用什麼方式。

　　巴爾圖克也在英特爾運用類似的策略。在英特爾舉辦的開發商年度論壇上，他帶著一個裝了五十張輝達顯示卡的箱子現身，拜訪每一個展位的廠商，提議將他們機器裡現有的卡片換成輝達的。他知道，拜其後向相容性驅動程式所賜，輝達卡更換起來非常容易，而這是莫大的優勢。開發商可以大膽改用最新的輝達卡，不必擔心安裝程序慢吞吞、一天到晚當機或效能不佳。

　　就連最大的科技公司也無法抗拒免費輝達顯示卡的誘惑。當時英特爾每年打造數千部開發用工作站，分送給世界各地的軟體開發商。當時，全球大約有十家顯示卡製造商在競爭誰能進到英特爾的工作站裡。輝達贏得合約，既因為它的產品比較好，也因為它免費發卡的策略，讓英特爾已經有用過輝達晶片的實際經驗。

　　同樣的策略也用在微軟身上，微軟開發了 DirectX API，讓開發商可以在 Windows 上面顯示媒體和執行遊戲。就像鐘錶一樣準時，每當微軟更新 API，輝達顯示卡就會出現在微軟總部。「他們每次發表重要的 DirectX 更新，我們就會把東西包好送過去。」巴爾圖克說：「你甚至不必開口要。」❹

　　黃仁勳的指示很直接。「贏就對了。跑得快的人，可以占領所有地盤。」

　　輝達還不算大公司，員工只有 250 名左右。它的營收也不高；1999 會計年度，它申報了 1.58 億美元的營業額，只有其他科技公司的 1% 到 10%，例如微軟（198 億美元）、蘋果（61 億美元）、亞馬遜（16 億美元）。但它多年來一直專注於卓越技術和產品打磨。現在，那樣的關注終於獲得一種無形卻極為重要的

回饋：產業影響力。

從 Sega 中止 NV2 晶片合約開始，輝達就遠離了遊戲機市場。但幾年後，1999 年，微軟暗示它正在研發第一部遊戲機，且將以 DirectX API 為基礎。如今既然雙方關係密切，微軟自然敞開大門，歡迎輝達的晶片來進入遊戲機市場。接下來幾個月，兩家公司嘗試達成協議。

不過微軟隨即改變方針。2000 年 1 月，該公司給了新創圖形公司 Gigapixel（由喬治・哈伯〔George Haber〕創辦並擔任執行長）開發合約，為微軟的 Xbox 遊戲機提供圖形技術。微軟在 Gigapixel 身上投資了 1,000 萬美元，另外又投資 1,500 千萬美元研發 Xbox 晶片。哈伯將他的三十三名員工搬進加州帕羅奧圖的微軟大樓。❶❺

3 月 10 日，公開宣布 Xbox 才兩個月，比爾・蓋茲就計畫出席遊戲開發者大會介紹 Xbox，並宣布 Gigapixel 為圖形供應商。他已經邀請哈伯出席他的演說，演說稿也事先給哈伯看過了。蓋茲原本要說 Gigapixel 和微軟的合作有十足的潛力可以改變整個產業，就像當初 IBM 選擇微軟這家名不見經傳的新創軟體公司，為其初代 IBM PC 提供作業系統一樣。他要告訴全世界，微軟選擇 Gigapixel 只為一個理由：它有世界最好的圖形技術。❶❻ 這樣的宣傳，還有傳奇人物的背書，是每一家新創公司夢寐以求的。

但夢想沒有延續下去。就算微軟已宣布 Gigapixel 雀屏中選，輝達仍繼續努力證明，它才是最適合 Xbox 的夥伴。在談判過程中，黃仁勳和輝達負責微軟關係的資深業務及行銷總監克里斯・狄斯金（Chris Diskin）常每週跟微軟開會。他倆會花很久的時間

做簡報素材，有時做到三更半夜，隔天早上八點又開始。兩人工作的高強度不亞於公司當年度過最深危機，以及研發初代 RIVA 128 和火速推出衍生產品 RIVA 128ZX 來跟英特爾 i740 晶片抗衡之時。這一次，他們沒有破產的燃眉之急。但儘管如此，他們仍同樣嚴格地逼迫自己抓住一個打入賺錢新市場的機會。

輝達的聲譽正好達到史上新高，也助他們一臂之力。

「微軟內部有很多人擁護我們。」狄斯金這麼形容 Xbox 的談判，「很多遊戲開發師出面說：我們要輝達，因為用輝達的晶片開發比較容易，風險比較低。」❼

3 月 3 日星期五，就在蓋茲預定在遊戲開發者大會發表演說前一週，微軟高階主管瑞克・湯普森（Rick Thompson）和鮑伯・麥克布林（Bob McBreen）打電話給狄斯金，說他們想要重啟 Xbox 合約，制定協議。兩天後，他們從西雅圖飛抵加州聖荷西，那個星期天大都在輝達總部的會議室度過。黃仁勳、狄斯金、湯普森、麥克布林一致同意由輝達取代 Gigapixel 作為微軟的圖形晶片夥伴。新主機將改用輝達新的客製化晶片，但黃仁勳和狄斯金堅持，微軟須先付 2 億美元支應新晶片的研發費用，而這筆金額需要比爾・蓋茲本人親自同意。要拿到這筆鉅額預付款和微軟執行長的簽名，他們才會覺得 Xbox 的工作塵埃落定，以免發生 Gigapixel 剛遭遇的窘況。

星期一，微軟高層通知哈伯他們決定和輝達合作。哈伯驚詫萬分。前一週，他才跟華爾街投資銀行家討論趁 Xbox 這筆生意掛牌上市、籌來 10 億美元的事，甚至還討論買下 3dfx 和其他圖形晶片公司的可能性；畢竟，夢想獨霸市場的人可不只有輝達高

層。現在，除了微軟同意就算合約取消也會支付的 1,500 萬美元研發費用，哈伯一無所有了。

直到今天，哈伯依舊對微軟和 Xbox 合約的事耿耿於懷。「〔假如有拿到合約〕我想今天經營市值破兆美元公司的人就是我，不是黃仁勳了。」[18]

在比爾·蓋茲於遊戲開發者大會宣布將由輝達擔任 Xbox 圖形晶片供貨商的那個星期，輝達的股價飆漲到超過每股 100 美元。這會兒，高階團隊發現他們得實現不到一年前當成玩笑的承諾了。他們說到做到：馬拉科夫斯基剃了莫霍克髮型；費雪、普里姆和韋佛利去刺了青；柯爾克的指甲變綠了；麥索利和黃仁勳則打了他們該打的洞。

「不是你一個人做的，是我們做的」

但這是普里姆倒數幾次的快樂時光了。1990 年代晚期，這位輝達共同創辦人跟公司工程師的衝突多了起來。在開發其中一代晶片時，普里姆發現晶片架構有個瑕疵。他加以修正，然後，未告知任何人，便把一些晶片文件從公用檔案伺服器撤下，換上更新版本。這是他在輝達創建初年常有的行事作風，當時的同事也都接受。但現在，這個組織比當年龐大許多，而他發現「軟體團隊會抓狂，因為他們軟體裡的一些代碼使用原始文件」。當他們得知所有文件統統被他移除，「他們暴跳如雷」。[19]

普里姆堅持那個架構必須修正。工程師請黃仁勳介入。雙方激烈爭執，而普里姆堅持他想做什麼都可以，因為輝達晶片的架

構是他本人設計的。

「那是我的架構。」他不斷重複這句話。

這不是黃仁勳想聽到的話。他想要建立更群策群力的文化。輝達是因為它這個整體的成就而獲得認可——不是因為個人。普里姆發現，每當黃仁勳出差跑完重要行程回來，明明是單槍匹馬的行動，他也會用複數「我們」而非單數「我」來敘述。普里姆一開始滿腹懷疑，心想：「『我們』是啥玩意？我完全不懂和代工廠談合約那些事。但黃仁勳是對的。是我們大家一起做的，是我們大家的功勞。」

每每提到晶片設計，普里姆便可能顯露占有欲。他常說那是「他的」作品，「他的」架構。黃仁勳堅持普里姆該反其道而行：他要把晶片視為全公司所有同仁的共同財產，因為那本來就是。黃仁勳會這樣回他：「不對，那是**我們**的架構。不是你一個人做的，是我們做的。那些檔案不是歸你所有。」

所以，在得知普里姆一意孤行修正晶片架構的瑕疵後，黃仁勳行使了執行長的權力，否決了他的共同創辦人。他要普里姆回復變更，讓原始文件檔案回到伺服器，此後若要對晶片文件採取任何動作，必須事先知會所有可能會受變更影響的人。使用舊文件，軟體團隊便能完成編碼，最後也在次年想出如何修正晶片架構裡的瑕疵。

後來，在輝達聘用約翰・蒙特拉姆和一批新 3D 圖形工程師後，普里姆變得更不甘寂寞，開始干擾產品發展。「我會阻撓產品發布。」普里姆回想道，因為他向來希望晶片完美無瑕；如果有人變更了他相信是他創造的架構，他會捍衛到底。

　　不過普里姆已開始了解自己有所不足。他回想曾和一位擅長抗鋸齒技術（anti-aliasing）的圖形專家開過高階會議，那種技術是用來撫平鋸齒狀邊緣，並使物體輪廓和背景之間的過渡柔和一些。「哇。我在昇陽讀過他的論文來模仿抗鋸齒技術，」普里姆對那次簡報印象深刻，「我放棄了。我要如何與那些專家競爭？」

　　普里姆現在一天到晚跟黃仁勳吵架，並且常常吵得不可開交，使公司得找來一位特別的職場顧問力圖化解雙方歧見。在多次爭執不下後，黃仁勳建議普里姆離開工程團隊，轉而負責輝達的智慧財產權和專利事務。普里姆接受了。「就架構而言，我的工作其實在頭兩年就結束了，」他說。「我做產品做了五年。我被調離產品開發部門，放進智慧財產團隊。這讓我們從視算科技禮聘的其他 3D 專家進得來，創造出比我所能做的更好的產品。」

　　2003 年，也就是調職幾年後，普里姆請了長假來處理他和當時妻子的問題。黃仁勳試著幫助普里姆，動用他的人脈幫普里姆找最好的婚姻顧問。但三個月後，黃仁勳無法再閃避員工詢問公司共同創辦人兼技術長人在哪裡的問題了。他給了普里姆選擇，也是最後通牒：回來全職工作、轉任兼職顧問，或辭職。黃仁勳甚至提出一項新的行動架構專案，讓普里姆可以在退休前監督最後一項成品。普里姆決定離開輝達。「我累了，遍體鱗傷，提不起勁。我得辭職。」他回憶道：「我一直恨不得自己能留下來。」

　　事隔二十年，黃仁勳似乎仍對當年普里姆離開的情況耿耿

於懷。當我向他解釋，克蒂斯覺得自己的技術跟不上其他圖形工程師，黃仁勳正顏厲色地回答：「克蒂斯很聰明。他一定學得會。」

輝達跟別的圖形公司不一樣

2000年初，黃仁勳和麥可・原（此時已離開行銷部，負責管理投資人關係團隊）動身展開一場多城市的巡迴演出，拜訪銀行家、投資人和基金經理人來為輝達籌募資本。

「我們和銀行家在城市間飛來飛去。」原回憶道：「他們一直問黃仁勳，『你看什麼片？你覺得什麼片好笑？』」[20]

黃仁勳想了一會兒，「《聖杯傳奇》（*Monty Python and the Holy Grail*）。」

這部1975年的喜劇是英國喜劇團體巨蟒劇團（Monty Python）推出的第一部劇情片。片中有許多令人難忘的場景，其中一場是設定在瘟疫爆發期間，兩個粗人拉著一車屍體穿過一個骯髒的中世紀村莊。

「把你家的屍體抬出來！」其中一人高喊，一邊拿木湯匙敲三角鐵加強語氣。

一個村民攔下車子，要把一個老人的身體放上去，可是那個老人還沒死。

「我還沒死！」老人抗議。

「喂，他說他還沒死。」車夫說。

「噢……就快了。他生了重病，」村民說。

「我有比較好了，」老人說。

三人繼續耍嘴皮子。老人仍舊堅持他還沒死，村民和車夫則努力讓他相信他真的該上這輛車。最後，車主用力打了老人一棒，村民便把老人的身體放上去。

「啊，非常感謝！」他一臉誠摯地說。

黃仁勳覺得準投資人問的很多問題都依循同樣殘酷的邏輯：他們認為輝達必死無疑。

「我們幹嘛投資圖形公司？」他們問：「我們已經支持過三十九家圖形公司，三十九家都倒了。我們幹嘛再做同樣的事？」

投資人的悲觀成了這次巡迴拜會的主軸。投資人認為輝達營收不夠。他們相信英特爾最終一定會藉著一款新晶片擊垮整個圖形產業。他們預料輝達必然步上先前好多競爭對手破產的後塵：Rendition、曾氏實驗室、S3、3DLabs、邁創等等。

這種態度激怒了黃仁勳，他相信輝達跟其他任何存在過的圖形公司截然不同。輝達向投資人自我推銷的說詞像這樣：它的晶片比其他任何公司的好，它有強健穩固、可防禦的市場定位，它的商業策略讓它可以跑得比其他晶片製造商快，創新更迅速。

但最重要的是，它有黃仁勳。黃仁勳已經學會如何將公司視為自己的延伸來進行管理。公司裡，人人都跟他一樣全神貫注於任務。人人的工作倫理都和他一致。人人都以最快的速度工作，好讓輝達永遠可以領先群雄一步。如果有任何人動搖或懷疑，只要黃仁勳說句嚴厲的話，馬上就能讓那人回到正軌。

確實有些投資人相信黃仁勳對輝達的願景，以及他讓公司朝願景邁進的能力。輝達於 2000 年 10 月二次發行股票及可轉債，

輝達與聖杯（圖片由麥可・原提供）

❶ 輝達追尋聖杯（或：說服投資人相信輝達是真正能主宰繪圖領域的漫長聖戰……）

❷ 好吧，這樣算平手好了！

❸ 我比較好，我比較快。你贏不了我的！

❹ 黃仁勳，別擔心，後面有我罩著。

❺ 噢，逃走啦？有膽就回來嘗嘗我的厲害。

❻ 我會咬斷你的腿！

❼ ……我該怎麼處理這根接力棒？

❽ 別擔心其他市場。你們自成一格，而且愈來愈好！

❾ 黃仁勳，下一次你可以多帶一套西裝嗎？我不想再穿這件鐵甲了啦。

❿ 麥特，快點行動！快一點！

⓫ 我們為什麼不能延後到你們發表行動處理器再投資呢？

⓬ 那英特爾咧？

⓭ 我們現在就要 10 億美元的營收！

⓮ 投資人

⓯ 我們要灌木林！

⓰ Rendition Chromatic
曾氏實驗室
思睿邏輯
三叉戟
S3
3Dlabs NeoMagic
邁創

⓱ 把你家的屍體拿出來！把你家的屍體拿出來！

⓲ 可是我還沒死欸……

⓳ 所以，如果我們 2 月開始投資，你認為我們可以在比如九個月內回本嗎？

而摩根士丹利最終幫它籌得 3.87 億美元。

在這一回合結束前,摩根士丹利送給麥可‧原一幅「巡迴演出」團隊的全彩漫畫,就援用《聖杯傳奇》的典故。輝達已亡故的競爭對手被畫成瘟疫馬車裡的屍體。提出不相干問題的投資人,是縮小版的「說『逆』的騎士」。* 黃仁勳是英勇的亞瑟王,在單挑中擊潰黑暗騎士。

「我比較好。我比較快。你贏不了**我**的!」他說。

---

* 【譯者註】《聖杯傳奇》電影裡描述英國亞瑟王在尋找聖杯的過程中遇到一群騎士,會高喊「逆!」(Ni)來展現自己的力量,嚇唬對方。

第 7 章

GeForce與創新的兩難

　　已故哈佛商學院教授克萊頓・克里斯汀生（Clayton Chris-tensen）在名作《創新的兩難》（*The Innovator's Dilemma*）中主張，一家公司的成功，通常也蘊含著本身失敗的種子，而這點在科技業尤其顯著。他斷定，每個產業的形成都不是偶然，而是有規律、可預測的週期。首先，新創企業會推出一種新穎、具顛覆性的創新，但能力不及某大公司的市場領先產品，且占據市場低端的位置。成功的現任者會忽視利潤較低的利基市場，僅著眼於推出能維持和增加現有強勁獲利流的產品。但顛覆性創新終會出現新的應用場景，而從中獲益的新創公司通常能夠比老牌企業迭代、創新得快。最後，新創公司會出現性能優越的產品，這時現任者才發現自己陷入困境，已經來不及了。克里斯汀生舉了控制資料公司（Control Data）為例，它原為 14 吋大型電腦磁碟機的市場龍頭，但在 8 吋小型電腦磁碟機市場，它連 1% 市占率都拿不到。風水輪流轉，當更小的 5.25 吋和 3.5 吋磁碟機問世，8 吋

磁碟機的製造商就步入控制資料公司的後塵。每一次，週期會重新開始，而每一次，都有一波新的前浪死在沙灘上。❶

《創新的兩難》也是黃仁勳最愛的書之一，而他下定決心不要讓同樣的命運降臨輝達身上。他知道對手晶片的品質很難超越輝達，因為在市場站穩腳跟需要大規模地投入資本和工程人才。受到克里斯汀生影響，他認為威脅會來自低成本業者。

「我以前見過那種情況，」他說：「我們製造的是法拉利。我們所有晶片都是為高階市場設計的。最好的效能、最多的三角形、最好的多邊形。我不想讓任何人進來成為價格領導者，把我困在市場底層，然後一路爬到頂端去。」❷

他研究了其他業界龍頭的商業策略，尋找如何抵禦市場底端攻擊的靈感。當他看著英特爾的產品一覽表，他發現英特爾 CPU 的奔騰（Pentium）系列有各種時脈速度（clock speed，衡量處理器效能的關鍵指標），但所有奔騰核心卻使用相同的晶片設計，理論上有一模一樣的特色和能力。

「英特爾把那個部分做得一模一樣。他們根據速度分級賣給顧客不同的產品。」他指的是這樣的過程：在高速下未通過品質檢驗的零組件可重新調整用途，這些零組件可以在低速下正常運作。

黃仁勳認為，輝達可以不要再理所當然地把品質檢驗沒過的零件丟掉了。這些零件固然不適合公司法拉利等級的晶片，但若能在較低的速度運作，輝達就可以重新封裝成公司產品線裡功能較弱（因此更便宜）的版本。這將增加每一片矽晶圓製造的可用零件數量，也能提升公司的良率——產業衡量生產效率的標準。

在一場高階主管會議上，黃仁勳問作業經理，「封裝、測試和組裝一個零件要花我們多少錢？」

答案是 1.32 美元，對要價高昂的晶片製造是個小數目。

「就這樣？」黃仁勳不敢相信。這看來明顯是個「無中生有」的良機。廢棄零件現在沒有為輝達創造任何營收；就是被扔掉。但多花一點點錢把廢棄零件妝點一番、用於強度較低的晶片系列，輝達就能創造全新的衍生產品線，賺取獲利，省去昂貴又耗時的研發過程。這條生產線將扮演防禦角色，防範以低成本晶片為主力商品的競爭對手。有了新的低成本零件，輝達就可輕易將晶片價格壓低到對手不得不賠錢賣的程度。輝達固然可能在低價產品線虧損，但它的法拉利系列絕對可以彌補。更重要的是，輝達可以避開當年使競爭對手 3dfx 絕命的陷阱：花太多時間和金錢研發新晶片，結果在這場持續創新的競賽中遙遙落後。

這項策略叫「整頭牛出貨」（ship the whole cow）：就像肉販想方設法利用肉牛身上的每個部分，從頭到尾都不放過，而不只是取用像是裡脊、肋條等頂級部位。

「這成了我們非常強大的工具，讓我們得以微調我們的產品，」傑夫·費雪說：「我們可以在高端生產線製造低良率的部分，創造四、五種不同的產品。這有助於推升 ASP（平均售價）。」❸ 這也讓輝達能夠測試更高價的頂級產品需求，狂熱的遊戲玩家往往願意出更多錢買更高的效能。

圖形產業其他業者很快群起效仿，尤其是眼見輝達一實行「整頭牛出貨」，就差點讓另一名競爭對手 S3 圖形關門大吉。

「『整頭牛』是圖形產業視為理所當然的東西，但也是造

成重大差異的重要策略，」輝達董事廷奇‧寇克斯說。**❹** 這也證
明黃仁勳的先見之明，以及強烈渴望能預見輝達未來的威脅。畢
竟，既然輝達現在是市場領導者，而非諸多新創企業的其中一
個，黃仁勳知道他永遠是別人的箭靶了。

　　「我不是**認為**人們一直想讓我倒台。」他有次這麼說：「我
是**知道**他們一直試著這麼做。」**❺**

產品定位：GPU

　　黃仁勳明白光憑技術規格不足以賣掉晶片。行銷和品牌幾
乎一樣重要。他的競爭對手全都採取不同的策略幫產品找市場
定位。有些採用奇特、超陽剛的品牌，吸引遊戲玩家的自我認
同：3dfx 的巫毒 Banshee、冶天（ATI）的 Rage Pro、S3 的野人
（Savage）、正義圖形（Righteous Graphics）等。有些走技術或
工業風，例如邁創的 G200 或 Rendition 的 Verite 2200。輝達傾向
兩種兼顧，幫晶片取既能傳達技術卓越，又能引起情感共鳴的名
字，例如 RIVA TNT：RIVA 代表（前文提過）實時互動影像動
畫加速器，TNT 則代表「雙紋素」（TwiN Texels），意即晶片有
同時處理兩種紋素（即紋理元素）的能耐。不過對一般消費者而
言，這名字當然「跟爆炸有關」，一位工程師這麼說。**❻**

　　然而在擁擠的市場，為求更能脫穎而出，輝達決定打破常
規。1999 年，它推出 RIVA TNT2 系列的接班人，定名為 GeForce
256。無可否認，GeForce 256 代表傳統繪圖能力的重大進步，截
至目前，這是輝達出品每一代新晶片的典型特色，也是世人對輝

達的期望。GeForce 有四條圖形渲染管線，讓它可以同時處理四個畫素。它也整合了一種屬於硬體的坐標轉換和光影（transform and lighting，T&L）引擎，代表它可以接下移動、旋轉和縮放 3D 物體不可或缺的運算任務。這些任務通常是由 CPU 處理；因此，GeForce 256 又幫 CPU 減輕更多運算負擔，讓整部電腦跑得更快。

「透過讓專用的硬體幹這件事，你突然可以多處理很多幾何圖形，繪製更有趣的圖片。」前首席科學家大衛‧柯爾克說。

當時輝達的管理團隊認為這些太過技術性而難以向顧客推銷。這種典型「頭字語加數字」的內部命名公式行不通。輝達需要更亮眼的東西來行銷它的新產品。

「我們得找個方法賦予這項產品明確的定位：遠比市面上任何產品都優越的 3D 圖形處理器。」丹‧韋佛利說：「這塊晶片很了不起。有紋理又有光影處理功能。我們得賣很貴。我們得想個辦法讓顧客明白這東西有多棒。」他責成他的產品行銷團隊想出絕妙的點子。

於是產品經理桑福‧羅素得研究所有可能有用的創意。羅素向來喜歡向同事請教品牌、命名和定位的策略，包括黃仁勳和柯爾克。

「我們從來不是帶著 PPT 進會議室就把名字生出來。那是一場持續不斷的討論，」羅素說。「我們拚命問他們有關技術的事。什麼行得通，什麼行不通。」❼

羅素抓了麥可‧原腦力激盪三十分鐘，苦思如何更有效地行銷 GeForce 256，而這兩位高階主管記得他們抱持這個想法走出房

間：要稱這款新晶片是一種全新產品類型的入門款──一種圖形處理器（GPU）；GPU 之於圖形渲染，就像電腦的主要中央處理器（CPU）之於其他所有運算任務。

　　輝達的技術專家知道他們的晶片很特別。但一般的電腦使用者卻未必能確切體會圖形晶片的複雜性或價值。不同於 CPU 聽起來就像任何電腦必不可少的配備，「顯示卡」只是多種周邊設備之一。賦予圖形晶片一種特別的名稱，讓它顯然能與 CPU 相提並論，這將第一次使圖形晶片脫穎而出。

　　「我記得是我和麥可・原在房間裡一起想出 GPU 的，」羅素說：「那在當時好像沒那麼重要。畢竟我們天天工作十四小時。」

　　他馬上告訴韋佛利 GPU 的點子，韋佛利很喜歡。「丹有時會花點時間琢磨想法，但 GPU 很快就得到認同了。」

　　不出幾天，行銷團隊便正式採用 GPU 一名，而這不僅幫助輝達擺脫其他圖形晶片的糾纏，也讓它更容易獲得溢價。全世界都知道 CPU 要價數百美元。輝達的晶片批發價卻不到每塊 100 美元──就算那和 CPU 一樣複雜，甚至有更多電晶體。只要公司開始用 GPU 行銷它所有晶片，價差就可望大幅縮小。

　　就算如此，當 GPU 這個譯名第一次套用在 GeForce 256 時，仍在輝達工程師之間引發爭議，有工程師指出，除非另外具備幾項 GeForce 256 沒有的功能，一塊晶片其實不能稱作 GPU。GeForce 256 沒有「狀態機」（state machine）：這指的是一種能將各種狀態轉換成執行和讀取指令的專用處理器，就像 CPU 接獲程式設計命令時會採取的做法。GeForce 256 也無法編寫程式，

意思是第三方開發人員不易自形定義圖形的風格和特徵，而必須仰賴一組輝達定義的固定硬體功能。另外，GeForce 256 也沒有自己的程式設計語言。

但行銷團隊主張，這些特色已在規畫中，下一代圖形晶片就會有了。就算現在沒有，GeForce 256 仍明顯在效能方面跨出一大步，每一位遊戲玩家和電腦愛好者一定感受得到。雖然 GeForce 256 還不是名副其實的 GPU，仍有資格作為定義類別的產品，而且下一代晶片——「真正」的 GPU，完全可讓外掛開發商編寫程式的 GPU ——很快就來了。

所以輝達的行銷團隊不顧工程師反對，執意拿 GPU 這個名字推廣。「我們不需要任何人批准，」韋佛利告訴他們。他認為沒有任何業外人士會真的在意技術定義。何況，「我們知道下一代就是可以編寫程式的了。我們決定往前跳一大步，強調這是 GPU。」❽

1999 年 8 月，當黃仁勳宣布 GeForce 256 上市，他毫不避諱的誇大其辭。「我們正推出世界第一個 GPU，」他在新聞稿上宣稱：「GPU 是業界重大突破，將徹底改變 3D 媒介。那將促成新一代令人驚嘆的互動內容，活潑生動、富想像力又引人入勝。」

這可能是輝達第一次為重大產品上市大舉行銷——而那奏效了。韋佛利決定不要註冊「GPU」的商標，因為他希望其他公司也沿用這個名稱，由此建立「輝達開創全新產品類別」的概念。日後誇大將成為現實：GPU 這個名稱真的成了產業標準，幫助輝達在未來數十年賣出數億張卡片。

關於 GPU 上市，韋佛利還有一個主意：積極恫嚇對手。輝

達行銷人員在直接通往 3dfx 總部的高架道旁立了巨幅廣告（當時 3dfx 尚未破產）。廣告宣稱新的輝達 GPU 將改變世界、輾壓競爭對手。州警察局判定廣告違法陳列，迅速撤下，輝達也受到正式懲戒。但廣告已經達到目的。「這是《〔孫子〕兵法》，不戰而屈人之兵，」韋佛利說。輝達正在學習如何讓世界屈從它的意志。

生怕競爭對手迎頭趕上

現代圖形晶片是經由所謂的圖形渲染管線運算，將有物件坐標的幾何資料轉換為圖像。這個過程的第一階段叫幾何階段，透過在虛擬的 3D 空間縮放和旋轉的計算來轉換物體的點和線（vertex）。第二階段叫光柵化（rasterization），要判定每個物件在螢幕的位置。第三階段叫片元階段（fragment stage），負責計算色彩和紋理。在最後一個階段，影像組合完成。

早期的圖形渲染管線，各階段的功能是固定的，各有一些固定運算。輝達和顯示卡競爭對手各自定義其晶片要如何處理圖形渲染管線的四個階段；第三方開發者無法改變晶片渲染任何東西的方式，也就是只能從晶片設計師設定的選單裡來創造視覺效果和藝術風格。❾ 因為每個程式設計師都必須使用不少固定功能的作業，因此市場上的每一款遊戲看起來大同小異──沒有一個真正在視覺上獨樹一幟。

輝達首席科學家大衛・柯爾克想透過發明真正的 GPU 來改變這一切。他的想法是採用一種名為「可程式化著色器」

（programmable shader）的新技術。這可向第三方開發商開放圖形渲染管線，讓他們能夠編寫自己的渲染函數，更能掌控遊戲的視覺呈現。有了這種著色器，開發商就能實時做出能與電影裡最棒的電腦生成圖像媲美的視覺效果。柯爾克認為，開發商會立刻在他們的遊戲裡應用可程式化著色器，因為他們遠比晶片設計師了解如何營造走在時代尖端的視覺效果。而這會反過來把遊戲玩家推向輝達卡，因為輝達卡是市面上唯一能支援先進圖形技術的顯示卡。缺點是，要做出可程式化的著色，以及名副其實的GPU，就必須修改輝達晶片的設計方式。這將是一項所費不貲且耗時的壯舉，就連已成名的業者也不例外。

　　柯爾克知道黃仁勳非常清楚技術面的優勢，而黃仁勳握有最後的決定權。他也知道黃仁勳會緊盯著成本：輝達必須投資多少來創造新的技術、市場是否已經準備接受、能帶來多少額外營收。雖然一開始黃仁勳看來興致高昂，但柯爾克不敢肯定這是不是好兆頭。

　　「黃仁勳是會幹這種事的人：在他決定扼殺你的計畫之前，他會表現得一派樂觀地跟你暢談，」柯爾克說。❿

　　為確保計畫能夠存活，柯爾克針對黃仁勳一直生怕競爭對手迎頭趕上這點火上加油。他指出，輝達在固定功能圖形加速方面的領先，勢必會受到侵蝕；總有一天，傳統圖形晶片的固定功能作業，會微型化到讓英特爾得以納入其CPU的一部分，或主機板的某塊晶片中，再也不需要獨立的顯示卡。他還說，有朝一日，可程式化著色器也有潛力開啟遊戲以外的市場。

　　「好。」聽了柯爾克的想法，黃仁勳回答：「好，我買

單。」

　　2001 年 2 月，輝達推出 GeForce 3，它採用可程式化著色器技術，並容許第三方開發其核心圖形功能，讓它成為第一塊名副其實的 GPU。事實證明柯爾克的分析正確。GeForce 3 立刻造成轟動。截至 2001 會計年度第三季，輝達的季營收已來到 3.7 億美元——比去年同期增加 87%。現在，預計年度營收達 10 億美元，是美國史上最快達到這個里程碑的半導體公司。前紀錄保持者博通（Broadcom）到第三十六季才達成；輝達快了九個月。到同年年底，輝達的股價來到前三季的三倍。現在該公司的市值，已經比首次公開發行當天高出二十倍了，這些都要歸功於有策略性的願景、堅持不懈的執行力，加上黃仁勳和其高階團隊的偏執狂精神——時時提防來自四面八方的威脅。

GeForce 3 與《頑皮跳跳燈》

　　輝達的業務多樣化推動它和蘋果的合作。以往輝達跟蘋果沒有太多生意往來，部分原因是輝達的產品是以英特爾為基礎的 CPU 優化的，而蘋果不用英特爾 CPU。但在 2000 年代初期，輝達贏得一份小合約，為消費者取向的 iMac G4 供應圖形晶片。這款電腦是接續彩色一體機 iMac G3，而 G3 正是 1998 年史蒂夫・賈伯斯重返蘋果後創下的重大勝利。

　　曾贏得微軟 Xbox 生意的克里斯・狄斯金負責管理與蘋果的業務關係。他和丹・韋佛利一起想出一個能讓輝達的 GeForce 晶片嵌入更多蘋果電腦產品的策略。能有這個關鍵突破，要歸功於

一部皮克斯（Pixar）的經典短片。

在此之前，輝達向 PC 製造商業務推廣的重心是圖形示範品，藉此展示晶片的先進功能和原始算力。以往，輝達會用第三方的遊戲來博得觀眾喝采。但隨著輝達卡愈來愈強大，舊款遊戲便再也無法完全展現新晶片能力的廣度和深度。韋佛利決定投入更多時間和資源來為銷售團隊創造更好的圖形示範品。他甚至從視算科技挖來前同事馬克・戴利（Mark Daly），專門處理提升示範的效果。

韋佛利明白，輝達如果徹底了解它的受眾，圖形示範是最具衝擊力的。早期的示範品鎖定的是工程師，因此輝達才要展示新晶片的特定功能和性能。就像「巫毒顯示卡」憑 3D 立方體在 1996 年的漢鼎投資銀行大會一鳴驚人，這樣的示範品要予人深刻印象，前提是你要了解「內部」的運算原理。但非工程師就未必知道自己在看什麼了。所以，韋佛利轉移了示範的焦點，不再聚焦於冷冰冰的圖形效能──這跟朗讀基準指標清單沒兩樣──而賦予情感色彩。

在開發 GeForce 3 的一場腦力激盪會議中，戴利認為他提出了示範輝達新晶片的最佳方法。皮克斯的兩分鐘動畫短片《頑皮跳跳燈》（Luxo Jr.）堪稱電腦動畫的分水嶺。這部短片在 1986 年首度發表，它展現了在那個相對早期的階段，電腦合成影像（Computer-generated imagery，CGI）的能力。每一幀動畫都是在一部克雷（Cray）超級電腦製作，要花三小時渲染。以每秒 24 幀的速度，電腦需要將近 75 小時才能生成影片裡的一秒。戴利認為輝達應該做《頑皮跳跳燈》的示範品。

韋佛利開了綠燈。「很棒的主意。就交給你處理。」他說。

幾個月後，戴利向韋佛利回報，團隊進展順利，但問題是，《頑皮跳跳燈》的版權在皮克斯手裡。如果輝達用它做公開示範，就有侵害皮克斯著作權的風險。

GeForce 3 的上市是如此重要，而一場不同凡響的展演眼看就要成形，韋佛利不希望任何事情扯它後腿。他消除了戴利的煩惱。

「沒關係。不用擔心。我會去想辦法，」韋佛利說。他跟大衛・柯爾克在皮克斯都有人脈，而他們也動用人脈為示範品徵求批准。他們的請求最後送到皮克斯創意長約翰・拉薩特（John Lasseter）面前。那時他已經執導了《玩具總動員》（*Toy Story*）和《蟲蟲危機》（*A Bug's Life*），之後還會執導《汽車總動員》（*Cars*）。拉薩特拒絕。他不怎麼想讓皮克斯的代表性角色——那在當時可是公司商標的一部分，每一部皮克斯電影開頭都會出現在醒目的地方——被用來賣圖形晶片。

偏偏在此同時，戴利團隊已經完成示範品，且正如他想像的一般震撼。韋佛利想：「不然我們就拿去展示給史蒂夫・賈伯斯看？」他相信實時渲染的《頑皮跳跳燈》版本會有效果，因為那將觸及賈伯斯本人的事業生涯，以及廣義電腦發展的一個里程碑般的時刻。那也將證明這塊新晶片強大到足以媲美超級電腦的圖形能力，又精確到能忠實重現一件重要的藝術作品。

韋佛利和狄斯金前往蘋果總部拜會賈伯斯。在示範的第一階段，輝達團隊採用和原版類似的運鏡和角度。的確令人印象深刻。賈伯斯說那「看起來不錯」。

　　然後他們又讓示範品運作一次，但這一次，韋佛利開始點來點去，而那改變了鏡頭的位置或角度。鏡頭的移動說明了，不同於靜態影片，輝達的晶片可以實時渲染出整個場景。使用者可以從任何角度變換和觀看場景，而且有逼真的明暗光影效果。這會兒賈伯斯就大吃一驚了。輝達的 GPU 可以實時渲染動畫，且具有皮克斯的超級電腦要花好幾個禮拜才能生成的視覺清晰度，這已經夠引人注目。但不只如此──它竟然還能提供實時的互動性。賈伯斯決定 Power Mac G4 電腦將提供 GeForce 3 作為升級選項。

　　賈伯斯也問蘋果能否在 2001 年東京的 Macworld 大展上使用輝達的示範品。韋佛利跟他說了版權的問題，賈伯斯回答，他會去找皮克斯的人商量看看。後來，回想那個時刻，狄斯金和韋佛利不由得大笑：那時賈伯斯可是身兼蘋果和皮克斯的執行長，所以他實際上是在徵求自己的許可。

　　賈伯斯大約二十分鐘後就結束會議，要去別的地方。動身離開時，他給了輝達團隊一句臨別建言。

　　「你們真的該在行動設備下工夫，因為 ATI 會在筆記型電腦領域狠狠修理你們。」他指的是輝達在 3dfx 滅亡後的首要競爭對手。

　　狄斯金毫不遲疑地回應，「史蒂夫，事實上，我想你錯了。」

　　房裡一片沉默。賈伯斯熱烈地凝視狄斯金，說：「告訴我為什麼？」狄斯金明白敢質疑史蒂夫・賈伯斯的人不多，而他顯然期望一個好答案。

　　狄斯金有好答案。他解釋，輝達的晶片確實比較耗電──確

實是多數筆記型電腦所不堪負荷──因為輝達晶片提供的是桌上型使用者需要的更高效能。但輝達晶片的性能及功耗很容易降低來符合筆記型的規格。事實上，狄斯金認為，要是輝達把晶片的時脈速度調降到與 ATI 晶片一致──因此也符合其功耗要求，輝達晶片的整體效能甚至比 ATI 還要好。事情不會如賈伯斯所想那樣，ATI 將在筆記型電腦領域狠狠修理輝達。實際上輝達不需要特別為低功耗的筆記型電腦模組開發晶片，因為它的旗艦系列的降頻版，就能把 ATI 比下去。

「我們有比較多系統餘裕。」狄斯金這樣幫他的主要論點做總結。

賈伯斯又凝望他一次。「好。」他只回了這個字。會議結束。

三十分鐘後，狄斯金接到蘋果高層菲爾‧薛勒（Phil Schiller）來電。「我不知道你跟史蒂夫說了**什麼**，但我們需要你們整個筆記型電腦團隊明天來這裡待一整天，我們要評估你們的晶片，」他說。於是，在短短幾年內，輝達從原本在蘋果筆記型電腦完全不見蹤影，搖身變成囊括蘋果電腦產品全系列近 85% 的占有率。不僅要歸功於產品示範，也要歸功於狄斯金敏捷的思路，和有膽量挑戰科技業最令人畏懼的人物，狄斯金得到機會證明自己是對的，也證明了輝達晶片的好。

團隊之間溝通不良

輝達愈來愈強大了。它從手下敗將 3dfx 那裡增聘一百名員

工、贏得 Xbox 遊戲機業務訂單（之後將持續創造 18 億美元的營收），也拿到為蘋果麥金塔電腦系列（Mac）製造晶片的合約。這些成就帶來驚人的財務成長，也使股價一飛沖天。但所有新業務都需要管理和工程部門投入關注，分散了他們對輝達核心 GPU 產品的心力──導致公司史上最糟糕的一次產品發表。

2000 年時，ATI 花了四億美元購併小型圖形公司 ArtX。ArtX 專攻遊戲機的圖形晶片；它的創始工程師原本是在視算科技做任天堂 N64 主機，後來自己創業，且不久前才拿到為 N64 後一代 GameCube 研發圖形晶片的合約。買下 ArtX 後，ATI 立刻在主機遊戲領域贏得信譽──一群工程師立刻著手研發一款名為 R300 的晶片。ATI 將在專用顯示卡 Radeon 9700 PRO 使用這款晶片，而這項產品在 2002 年 8 月公開銷售。

在此同時，輝達卻捲入一場與微軟的法律紛爭。這家科技巨擘最近修改了供貨合約中有關 Direct3D API 資訊分享和智慧財產權的部分。Direct3D 的下一次重大升級名為 Direct3D 9，將在 2002 年 12 月發表，會有一些對於下一代晶片關鍵性的重大改進。不過這其中有個圈套。晶片公司要先簽訂新合約，才能取得 Direct3D 9 的文件檔，進而按照其新的特色開發晶片。輝達覺得新合約內容過分偏袒微軟，拒絕在修正條款前簽訂新合約。

業務問題引發工程難題。當時輝達正在設計它的新一代晶片：NV30，卻還不知道 Direct3D 最新版本的技術規範。「最後我們在沒有得到微軟充分指引下發展了 NV30，」大衛・柯爾克說：「我們得猜他們要做什麼。我們犯了一些錯誤。」

公司陷入混亂，沒有得到微軟明確指引固然是原因，自己

的團隊缺乏協調、各自為政也是幫兇。一位前員工記得有一回，一群硬體和軟體工程師站在一個小隔間裡，看著還在研發階段的NV30平平無奇的效能數據。一名困惑的軟體工程師說看起來好像硬體的霧化功能被移除了。硬體架構師回答：「喔，是啊，我們取出來了。沒有人用那個啦。」

軟體團隊大吃一驚。霧著色器（fog shader）在多數遊戲廣泛運用，因為那容許開發商透過模糊遠方物件的細節，讓遠景彷彿在霧中一樣，來節省圖形運算。輝達的硬體團隊在移除前沒有跟任何人商量，似乎也不了解那有多重要。忽然間，輝達的不同團隊猶如多頭馬車——而這正是輝達打從一開始就排斥的那種組織架構。

另一名輝達員工記得開過一場類似的會議，一名硬體工程師報告NV30一系列不同的功能。一名開發者關係部門的員工注意到清單上缺了一項重要的特色叫多重採樣抗鋸齒（multi-sample anti-aliasing，MSAA），就是那種撫平鋸齒邊緣、使物體輪廓和背景之間的過渡柔和一些的技術。他問：「4倍MSAA呢？這是怎麼回事？」

硬體工程師回答：「我們不覺得那很重要。那種技術還未經測試。」

開發者關係員工嚇壞了。「你在說什麼？ATI已經在一件產品表現這項功能，而且遊戲玩家都很喜歡。」又一次，輝達自己的工程師似乎渾然不知市場想要什麼。「NV30是一場架構災難，是一場架構悲劇，」黃仁勳後來說。[11]「軟體團隊、架構團隊、晶片設計團隊彼此幾乎沒有溝通。」

　　就這樣，輝達沒辦法確保 NV30 滿足該季所有最重要遊戲的全部基準。媒體評測新的圖形晶片，而媒體評測共同關注的是基準測試，由獨立評論者用特定圖形密集的遊戲，在不同解析度下測試某些指標，例如每秒幀率（影格速率）。這會帶給遊戲玩家一系列量化的參照標準，因此玩家不必仰賴顯示卡品質的主觀分析（或是卡片製造商的行銷話術）。輝達在 NV30 研發過程就知道，這塊晶片顯然不會通過當時消費者最關心的多項遊戲基準測試。從 NV1 以來，輝達將首度推出一張就效能而言不是市場最頂級的卡片。

　　反觀 ATI，因為已經同意和微軟簽約，因此從一開始就能參照 Direct3D 9 將 R300 優化。這塊晶片和它嵌入的新卡 Radeon 9700 PRO 合作無間，也充分配合微軟最新發表的 API。它能在高解析度下執行最新的 3D 遊戲，包括《雷神之鎚 III》（*Quake 3*）和《魔域幻境之浴血戰場》（*Unreal Tournament*），沒什麼問題。它能以更鮮活的 24 位元浮點色彩渲染畫素——業界前一代晶片使用 16 位元的色彩，因此這是一大升級。它的抗鋸齒能力也遠比競爭對手來得好，能繪製成輪廓鮮明的多邊形和乾淨俐落的線條。而它在 2002 年 8 月上市，正好趕上秋天的開學潮。

　　上述種種，輝達的 NV30 一個也沒有。它和 Direct3D 9 配合得不好，代表新遊戲在其最高圖形設定下表現不佳。它已為 32 位元的色彩優化，技術上高出 Radeon 9700 PRO 的 24 位元色彩系統一籌，偏偏 Direct3D 9 不支援 32 位元色彩。輝達不得不請它的顯示卡夥伴延後約五個月發行嵌有 NV30 的新產品。延後發行，輝達才有機會努力讓晶片更能與 Radeon 9700 PRO 抗衡，但

也使輝達錯失秋季的黃金檔期。

輝達的工程師仔細比較了使用 NV30 的 GeForce FX 卡和 Radeon 9700 PRO，決定全面修改晶片設計，讓它更有競爭力。他們創造了軟體變通方案來為 NV30「翻譯」DirectX 的新功能。「我們必須做些『後空翻』來執行 DirectX 9 的命令，」丹．韋佛利說：「我們必須對 DirectX 下命令，將它轉換成我們晶片可以執行的功能。」

這些「命令」，或送往 DirectX API 的圖形指令，需要更多處理能力，迫使輝達調高 NV30 的時脈速度。這會使晶片過熱，因此輝達還得在晶片上加裝一支大型散熱器（雙槽風扇），而這一啟動就會發出巨大的噪音。

「那對使用這塊晶片的玩家來說，是很糟糕的經驗，因為實在很吵，」韋佛利說。風扇的噪音成為顧客間持續討論的話題。輝達能夠設想的唯一工程解法是寫一個演算法來改變風扇旋轉的時機，但那需要時間，且最終成效不彰。

為了設法挽救公司聲譽，哪怕只有一丁點，行銷團隊一位成員提出針對風扇噪音製作一段惡搞影片，暗示那是一個蓄意的特色。「我們要承擔責任。我們弄了一段影片，把 GeForce FX 改裝成吹葉機來吹樹葉。我們還教人拿它煮東西，因為那實在很燙，」韋佛利說。

這起碼稍稍平息了遊戲社群的怒火，他們欣賞輝達自嘲和承認過失的誠意。這也有助於降低卡片的負面評價。每當競爭對手試圖向消費者指出 GeForce FX 有多吵，他們都會先找到輝達自嘲的影片。

雖然這支影片帶來公關上的勝利，卻無助於挽救晶片在市場上的命運。相較於 R300，用 NV30 的卡比較貴、比較燙，執行遊戲比較慢，還有吵死人的風扇。在無比重要的假期季度，銷售額比前一年足足掉了 30%，公司股價則從不過十個月前的高峰直線下墜 80%。NV1 的噩夢重演。公司各團隊彼此失去聯繫，公司整體也不知怎麼地，跟它的核心客戶群失去聯繫。

黃仁勳為那塊晶片的不良設計和不當執行火冒三丈。他在一場全公司會議對工程師咆哮。

「讓我說說 NV30 的事情。那個垃圾是你們本來就想造出來的嗎？」他大叫，❷「架構師的產品組裝一塌糊塗。你們怎麼可能沒有事先看出吹葉機的問題呢？總該有個人舉手說：『我們這裡有設計瑕疵』吧。」

他的批評不是開一場會就結束了。之後，他邀來當時美國最大電子零售業者百思買（Best Buy）的高階主管，❸對輝達員工發表談話。那名主管大部分時間都在講 NV30 的效能有多差，有多少顧客抱怨風扇吵。黃仁勳同意，「他說得對。這是垃圾。」

所幸有一件事救了輝達：它的對手沒有徹底利用它的優勢，對輝達趕盡殺絕。ATI 決定以 399 美元銷售它的 R300 顯示卡，跟 NV30 顯示卡同價。假如 ATI 夠侵略性地降低 R300 的售價，很可能會打死品質較差的 NV30 顯示卡的需求，連帶使輝達破產。德懷特・狄爾克斯說，ATI 其實有夠高的利潤率可以這麼做，因為比起設計不良又臃腫不堪的 NV30，ATI 的晶片擁有巨大的成本優勢。「要是 ATI 的主事者是黃仁勳，」狄爾克斯說：「他一定會讓輝達破產。」

敵人在內部

黃仁勳仔細反省 NV30 的失敗。畢竟，不管這家公司變得多大，確保輝達團隊有效合作都是他的責任。他現在才明白，想要一舉讓前 3dfx 工程師融入輝達文化，這要求太高了。「NV30 是我們引進 3dfx 員工後打造的第一款晶片，」他多年後做出這個結論。❹「當時組織不是非常和諧。」

《創新的兩難》教了黃仁勳──也教了好幾代企業領導人──如何保護公司抵禦競爭。那幫助他了解來自低成本競爭對手的威脅，所以他運用達不到頂級晶片標準的零件，推出低階和中階的晶片系列。那讓他相信輝達的合作夥伴組合必須多樣化，不能只局限在消費用桌上型 PC，還要納入遊戲機、麥金塔和筆記型電腦。那也促使他做出重大的策略性投資，例如在輝達晶片裡增添可編寫程式的特色，成為真正的 GPU。

但黃仁勳卻沒有抓到克里斯汀生比較微妙的訊息，起碼在輝達創立後的第一個十年是如此。光看外部的成功指標：營收、獲利能力、股價、產品上市速度，是不夠的。真正永續的企業會花同樣多的心力往裡面看，為的是保持內部文化一致。在輝達成為圖形產業的霸主揚名立萬之際，公司高階主管的注意力被合作夥伴、投資人和財務狀況分散了。他們未能看見內部愈來愈嚴重的問題──自滿。於是差點因自滿而毀滅。

但黃仁勳正是以貫徹「絕不重蹈覆轍」的規矩著稱。他把以往提防外部威脅的警覺性轉移到內部威脅上。他解決了和微軟的合約歧見，確保他的架構師絕對不會再像因應 Direct3D 那樣，

必須在黑暗中摸索。他確保他的幕僚時時找遊戲開發商討論，好讓輝達晶片永遠能納入開發人員及玩家心目中最重要的功能。他要求他的團隊確保未來的 GPU 會為最受歡迎的遊戲優化，以稱霸評介裡的基準測試為目標。最重要的是，他敦促他的團隊做到「理智的誠實」（intellectual honesty）──永遠要質疑自己的假設、承認自己的過失，讓公司能夠盡早解決，以免過失如滾雪球般愈滾愈大，變成像 NV30 那樣的災難。

輝達差點活不過第一個十年。它完成了很多事情：魔法般的技術、大為轟動的首次公開發行，也在這個競爭對手大都不到幾年就夭折的產業，延續相對長的壽命。它也遭遇過多次挫敗：差點因為 NV1 和 NV2 而破產；生產問題讓成功的 RIVA 128 就地停擺；以及最近期的 NV30 災難──那顯示組織出了深刻的問題，公司必須勇於面對。輝達已經成為大型上市公司，因此面臨和其他大型上市公司一樣的挑戰，以及同樣混亂失序的傾向。黃仁勳必須進化成不同類型的領導人，輝達才可能在未來十年獲致成功。

第 3 部

崛起
2002-2013年

第 8 章

GPU時代

　　成功讓輝達市值突破一兆美元的技術，是在一篇關於雲端運算的博士論文裡最早被提及。馬克・哈里斯（Mark Harris）是北卡羅來納大學教堂山分校（University of North Carolina at Chapel Hill）的電腦科學研究員，他希望找到一種方法，讓電腦能更精準地模擬複雜的自然現象，例如流體運動或熱力學（如大氣雲層的形成）等等。

　　2002 年，哈里斯觀察到愈來愈多電腦科學家使用 GPU（例如輝達的 GeForce 3）執行非圖形應用。研究員表示，在配備 GPU 的電腦上執行模擬，相較於僅依賴 CPU 的電腦，GPU 電腦的運算速度顯著升級。但要執行這些科學模擬，必須讓電腦能執行非繪圖的運算任務，電腦必須學會重新架構（reframe，重新設計）非圖形任務，變成 GPU 能夠理解與執行的圖形函式。換句話說，研究員破解了 GPU 原本的功能。

　　為了讓 GPU 執行非圖形運算任務，研究員利用輝達 GeForce

3 的可程式化著色器技術，該技術原本的功能是為像素上色，但研究員將它用於執行矩陣乘法（matrix multiplication）。矩陣乘法是透過一系列數學計算，將兩個矩陣（基本上是數字表）相結合，產生一個新的矩陣。當矩陣較小時，使用一般的計算方法就可以輕鬆執行矩陣乘法。當矩陣愈大，矩陣相乘的運算複雜度就會以三次方成長，但是在物理、化學和工程等多個領域裡，大矩陣解釋現實世界問題的能力也會跟著增加。

輝達首席科學家大衛‧柯爾克說：「老實說，我們是在無意間發現現代 GPU 的能力。」❶ 他續道：「我們建造了一台超強又超靈活的巨大運算引擎負責處理圖形，因為執行圖形任務很困難。研究員在所有浮點運算上看到 GPU 強大的運算能力，透過將運算藏入（嵌入）一些圖形演算法，給 GPU 一點點程式設計的能力。」

然而將 GPU 用於非圖形用途，需要非常特殊的技能。研究員必須仰賴專為圖形著色所設計的程式語言，包括 OpenGL 和輝達的 Cg（C for graphics），輝達在 2002 年推出 Cg 這個程式語言，在 GeForce 3 上執行。像哈里斯這樣專注開發程式的設計師，學會如何將需要解決的現實世界問題，「翻譯」成 Cg 這些語言可執行的函式，他們很快就發現如何使用 GPU，理解蛋白質摺疊、確定股票選擇權價格，以及處理磁振造影（MRI）掃描產生的圖像，協助醫師診斷。

學術界一開始以累贅的術語，諸如「將圖形硬體應用於非圖形應用」或「利用專門用途硬體達到其他目的」來稱呼 GPU 在這些科學領域上的用途。哈里斯決定創造一個更簡單的名稱：

「在 GPU 上執行通用運算」（簡稱 GPGPU）。他成立一個網站
替 GPGPU 這個術語做宣傳。一年後，他註冊網址 GPGPU.org；
並在網站上撰文，解釋這個剛萌芽的新趨勢，還與其他人交換意
見，找出如何使用能與 GPU 相容的程式語言，優化 GPU 的運算
能力。GPGPU.org 很快成為研究人員社群的熱門網站，這些人都
想善用與駕馭輝達新推出的 GPU。

　　哈里斯對 GPU 的濃厚興趣為他在輝達掙得一個職位。取得
北卡羅來納大學博士學位後，他從東岸搬到西岸的矽谷，加入輝
達。進入這個他曾經破解其產品（顯示卡上的 GPU）的公司，他
驚訝地發現，自己創造的名詞「GPGPU」已被員工廣泛使用。
他說：「輝達員工看到潛在的商機，並使用這個我自編的可笑縮
寫。」

　　其實他並不知道，輝達延攬他是希望他幫助公司，降低
GPGPU 的使用門檻。黃仁勳很快就發現，GPGPU 有潛力為
GPU 拓展市場，讓 GPU 跨足電腦圖像以外的領域。黃仁勳說：
「可能對 GPU 最重要的影響加上早期的跡象顯示，我們應該繼
續醫學影像領域的發展。」❷ 然而，所有 GPGPU 的任務都必須
透過 Cg 語言執行，而 Cg 語言是輝達開發的語言，除了專利權問
題，也只優化圖形處理，這成了 GPGPU 被更廣泛採用的障礙。
為了創造更多需求，輝達必須讓開發者在 GPGPU 上更容易使用
其他程式語言。

　　哈里斯得知輝達內部有一個晶片團隊正在進行一個代號為
NV50 的祕密計畫。大部分晶片設計只會比目前版本的架構先進
個一、兩代。而 NV50 是輝達正在開發的最具前瞻性的晶片，在

幾年後才推出。NV50 將擁有自己獨有的運算模式，讓 GPU 更容易應用到非圖形運算。NV50 不會使用 Cg，而會改用廣泛使用的擴充式 C 語言。此外，GPU 還可支援平行運算線程，以及存取可尋址內存——本質上，這些讓 GPU 能夠在執行科學、技術或工業運算中，分擔由 CPU 負責的所有次要任務。

輝達稱這種晶片的程式設計模型為「統一計算架構」（Compute Unified Device Architecture，簡稱 CUDA）。CUDA 不僅讓圖形程式設計專家，也讓科學家和工程師能夠充分利用 GPU 的運算能力。CUDA 幫助他們管理複雜的技術指令網路，讓 GPU 數百個運算核心（後來更發展到數千個運算核心）平行執行這些指令。黃仁勳相信這將把輝達的觸角延伸到科技業的每個角落。新的軟體，而不是新的硬體設備，將改寫輝達的命運。

讓所有人都能使用 CUDA

伊恩・巴克（Ian Buck）和約翰・尼可斯（John Nickolls）是 CUDA 開發初期最重要的兩位人物。尼可斯是硬體專家。他在 2003 年加入輝達，成為公司早期努力開發 GPU 運算的硬體架構師。他與晶片團隊緊密合作，確保一些重要功能有納入 GPU，例如更大的記憶體快取，以及不同的浮點運算方法。尼可斯了解，如果輝達希望推動 GPU 運算的普及，就必須提高運算效能（不幸的是，尼可斯沒有機會目睹他對 CUDA 的心血大獲成功。輝達內部許多人士認為他是公司的無名英雄。可惜他在 2011 年 8 月因癌症過世。「沒有約翰・尼可斯，就沒有 CUDA。他是我們

公司最有影響力的技術專家，促成 CUDA 誕生的推手。」黃仁勳說道。❸「他去世之前，還一直鑽研 CUDA。是他向我解釋什麼是 CUDA」）。

　　巴克負責軟體研發。他之前曾在輝達實習，後來離開到史丹佛大學攻讀博士學位。在學期間，巴克開發了 BrookGPU 程式設計環境，為 GPU 運算提供了語言和編譯器。他的工作引發美國國防部高階研究計畫署（Defense Advanced Research Projects Agency，DARPA) 關注，同時也吸引了前東家輝達的注意。輝達授權使用巴克開發的一些技術。2004 年，他接受輝達聘雇。❹

　　早期的 CUDA 團隊規模小、關係緊密。巴克的軟體小組由三位工程師組成：尼可拉斯・威爾特（Nicholas Wilt）和諾蘭・古奈特（Nolan Goodnight）負責開發 CUDA 驅動程式 API 以及執行 API，諾伯特・尤法（Norbert Juffa）負責撰寫 CUDA 標準數學函式庫。硬體小組成員則專注於硬體編譯器，將人類可讀的程式碼轉換為電腦處理器可執行的機器可用程式碼。組員包括理查德・強森（Richard Johnson），他設計執行緒平行運算指令集（PTX）規範，該規範是 CUDA 虛擬硬體編譯器在生成代碼時所遵循的標準或框架；麥克・墨菲（Mike Murphy）則為 CUDA 至 PTX 建置了 Open64（x86-64 架構）編譯器；維諾德・格羅佛（Vinod Grover）在 2007 年底加入，負責開發編譯器的驅動程式。

　　這兩個團隊必須緊密合作。「任何電腦架構都有軟體與硬體兩面。CUDA 不只是軟體，」輝達數據中心前總經理安迪・基恩（Andy Keane）說：「CUDA 還代表機器，也是一種你與機器互

動的方式，因此在設計上，軟硬體必須緊密配合。」❺

　　原本的計畫是只在輝達的 Quadro GPU 上推出 CUDA，而 Quadro GPU 是為高階的科學與技術工作站所設計。但這計畫存在一些風險。所有新技術都會面臨雞生蛋或蛋生雞的問題。如果沒有開發人員寫出能充分利用新晶片特性的應用程式，用戶就沒理由採用新晶片。如果硬體沒有大量的用戶安裝，開發人員也不會願意為新平台開發新軟體。根據歷史來看，當一家公司能同時拓展雙方的使用率，通常帶來的是長達數十年的市場主導地位，例如安謀控股公司（Arm Holdings）為手機開發 ARM 晶片架構，以及英特爾為個人電腦開發 x86 處理器。那些未能普及軟硬體雙方的產品使用率的公司，例如 PowerPC（RISC 處理器）和迪吉多（Digital Equipment）（Alpha 架構），短短幾年就慘遭市場淘汰，遺棄在電腦史的垃圾堆裡。

　　第一印象很重要。如果輝達一開始只針對高階工作站釋出 CUDA，也沒有提供足夠的軟體支援，可能會讓開發人員把它局限在只適用於少數幾個專業技術領域的工具。行銷高階主管李赫希（Lee Hirsch，音譯）表示：「你不能只是把新技術丟出來，然後兩手一甩，期望〔大家〕會爭相採用。你不能只會說：『這是我們全新的 GPU，隨你們怎麼用吧。』」

　　相反地，輝達必須做到兩件事：讓所有人都能使用 CUDA，以及讓它適用所有領域。黃仁勳堅持 CUDA 必須廣泛用於輝達所有的產品線，包括 GeForce 系列的電玩 GPU，這可讓 CUDA 以相對合理的價格擴大市場普及率。影響所及，將確保 CUDA 成為 GPU 的同義詞，或至少是輝達 GPU 的同義詞。黃仁勳深諳

新技術的重要性，也清楚市占率的重要性。愈多人使用 CUDA，這項技術就能愈快成為產業標準。

黃仁勳對 CUDA 團隊說：「我們應該讓 CUDA 技術無所不在，讓它成為核心基礎技術。」

此舉成本極高。2006 年 11 月，輝達推出 CUDA 的同時，也推出 NV50，並將其正式更名為 G80，用於 GeForce 系列顯示卡。這是輝達第一款具備運算功能的 GPU 晶片。G80 擁有 128 個 CUDA 核心，這是用來支援 CUDA 功能的額外硬體電路。透過硬體的多執行緒特性（multithreading feature），GPU 能夠在這些核心上同時處理多達數千個運算執行緒（threads，或稱線程）。相形之下，當時英特爾的主力商品 Core 2 CPU 最多只有四個運算核心。

輝達投入大量的時間和金錢打造 G80。相較於 GeForce 晶片代代之間相隔一年的開發週期，G80 這款 GPU 運算晶片耗時四年才完成。開發成本高達 4.75 億美元的天文數字，❻ 約占輝達這四年總研發預算的三分之一。

這還只是一款能支援 CUDA 架構的 GPU。輝達投入巨資改造 GPU，讓 GPU 能支援 CUDA，影響所及，衡量輝達獲利能力的毛利率顯著縮水，從 2008 會計年度（2007 年 1 月至 2008 年 1 月）的 45.6% 降至 2010 年會計年度的 35.4%。輝達增加 CUDA 研發支出的同時，全球金融危機摧毀了消費者對高階電子產品的需求，也影響企業對 GPU 工作站的需求。這兩重壓力相加之下，輝達股價在 2007 年 10 月至 2008 年 11 月之間下跌逾 80%。

黃仁勳承認：「CUDA 讓我們的晶片成本大幅增加。」❼

「我們的 CUDA 客戶很少，但我們讓每個晶片都能與 CUDA 相容。你可以回顧輝達歷史，看看我們的毛利率。一開始很差，後來愈來愈差。」❽

儘管如此，他對 CUDA 的市場潛力深信不疑，即使投資人要求修正策略，他仍堅持自己選擇的路線。「我相信 CUDA，」他說。「我們深信加速運算能力能夠解決一般電腦無法解決的問題。我們必須做出這樣的犧牲。我對它的潛力深信不疑。」

然而，G80 公開上市後，儘管《連線》（*WIRED*）雜誌和《科技藝術》（*Ars Technica*）等科技刊物對它評價甚高，但它並未獲得市場青睞。❾ 推出一年後，約有五十位金融分析師親赴輝達在聖塔克拉拉的總部，聽取黃仁勳和投資人關係部門解釋，為何華爾街應該繼續相信輝達，儘管所有跡象都顯示輝達正走在錯誤的道路上。

整個早上，管理階層詳細說明如何將高效能的 GPU 擴展至新領域，例如產業與醫學研究等領域。輝達估計，GPU 運算市場的規模幾年後將上升到 60 億美元以上，儘管當時 GPU 幾乎毫無市場可言。尤其是，輝達預見 GPU 將帶動企業資料中心的需求，因此找來曾在多家新創公司擔任硬體業務開發及產品行銷的安迪·基恩負責一個新部門，專責 GPU 市場。早上的簡報結束後，分析師顯然對 CUDA 抱持懷疑態度，主要是因為 CUDA 對輝達的毛利率造成負面影響。

午餐移師到露天停車場的棚子下：自助餐有三明治、瓶裝水和汽水。哈德遜廣場研究公司（Hudson Square Research）的分析師丹尼爾·恩斯特（Daniel Ernst）拿了一些食物，找了一張空桌

子坐下。其他分析師紛紛坐過來，最後黃仁勳也來了。其他分析師開始連珠砲似地詢問執行長黃仁勳各種短期財務問題；他們想知道 CUDA 到底對輝達毛利率有何影響，因為輝達為了生產下一代晶片，即將汰舊換新製造技術。這些都是黃仁勳當天稍早談到的內容，但他仍盡責地重申公司的財務前景，稱儘管投入研發的資金短期內會壓低毛利率，但長期而言，毛利率終究會上升。但分析師對這回答不滿意，因為他們仍將注意力放在未來幾個月的獲利，而非幾年後。

　　恩斯特覺得黃仁勳愈來愈沮喪，心想他應該很快就會離席，所以他決定問他別的問題。他說：「執行長，我有一個兩歲大的女兒。我買了一台新數位相機── Sony A100 DSLR，定期將照片上傳到 Mac 電腦，並用 Photoshop 做一些簡單的編輯與修圖。但每次這麼做時，只要一開啟高解析度影像，Mac 的速度就會變慢。在聯想的 ThinkPad 電腦上情況更糟。GPU 可以解決這個問題嗎？」

　　這時黃仁勳的眼睛亮了起來。他說：「這個還沒有對外發布，所以別寫出來，但 Adobe 是我們的合作夥伴。Adobe Photoshop 使用 CUDA 技術，可以指示 CPU，將一些運算任務卸載到 GPU，這會大幅提高速度。這正是我所說的即將來臨的『GPU 時代』。」

　　至少恩斯特對此印象深刻。他認為 CUDA 並非一時的流行，而是左右輝達未來的核心。其他分析師連番追問輝達的財務狀況，讓恩斯特有些不悅。其實他很樂見輝達願意犧牲短期獲利，充分挖掘 CUDA 的巨大潛力。「GPU 時代」將會創造許多

機會，黃仁勳認為他的使命就是要讓輝達做好準備，把握這難得的契機——即使沒有人確切知道這些機會是什麼。至於其他的一切，包括公司的財務問題，完全是次要的。

　　要將黃仁勳的願景與市場現實畫上等號並不容易。輝達已經解決了產品和生產的問題，但現在黃仁勳要求他的團隊想辦法為CUDA 創造市場，也就是他所說的「提供整體解決方案」。這需要有系統地分析每個產業的需求，從娛樂、醫療保健到能源，不僅要分析潛在的需求，還要找出如何滿足每個領域的特殊需求、透過以 GPU 為主的應用程式滿足這些需求，進而釋放市場對CUDA 的需求。如果開發人員還不知道如何使用 CUDA，輝達會教他們。

到處發禮物的耶誕老人

　　有好幾年，輝達的首席科學家大衛・柯爾克一直收到來自全國頂尖大學的請託，希望得到輝達的支援。

　　輝達看到了一個既能幫助大學又能普及 GPU 市占率的絕佳機會。公司對大學提供了數筆特別捐款之後，柯爾克繼而與加州理工學院、猶他大學、史丹佛大學、北卡羅來納大學教堂山分校、布朗大學和康乃爾大學合作，推出一項正式計畫。輝達將提供這些學校顯示卡以及捐款，作為交換條件，這些大學將在圖形程式設計課上使用輝達的硬體。「這並非完全無私的合作，」柯爾克說。「我們希望大學在課堂上使用我們的硬體，而不是超微（AMD）的設備。」❿

　　這項合作計畫解決了輝達大學捐贈計畫一直存在的問題。每次輝達對大學捐贈現金，大學都要收取管理費，因而降低了捐贈對實際研究的影響。捐贈方式從現金轉換為硬體，輝達能夠確保學生而非行政人員才是公司捐贈計畫的最大受益者。

　　捐贈硬體的計畫上路之前，輝達的實習計畫已經開跑，開放一些名額讓來自合作大學和其他學校的優秀學生到輝達實習，不僅累積工作經驗，還有可能被任用為未來的正式員工。例如，CUDA 工程師伊恩·巴克就是用這方式與輝達有了第一次接觸。

　　柯爾克希望利用這些合作關係，在 CUDA 發布後，推廣CUDA 的使用率。他和同事大衛·呂布克（David Luebke）展開了一個名為「CUDA 卓越中心」（CUDA Center of Excellence）的新計畫，只要學校承諾教授一門 CUDA 相關課程，學校就可以獲得可支援 CUDA 技術的設備。他走訪各大學，告訴學生、教授和系主任必須改變電腦科學（computer science，台灣稱資訊工程）的授課內容，因為平行運算將愈來愈重要。他在一年內做了一百多場演講，到世界各地巡迴，有時一天連辦多場演講。但沒有人願意接受他的提議。

　　柯爾克說：「沒有人知道如何利用 CUDA 架構設計程式，也沒有人在這方面投入心力。沒有人想聽。我真的是到處碰壁。」

　　柯爾克終於遇到一位知音——伊利諾大學香檳分校的電機工程學系系主任理查·布拉胡特（Richard Blahut）。他告訴柯爾克這是非常好的主意，但如果柯爾克真心想推廣 CUDA，他應該親自來教這門課。

　　柯爾克最初的反應是拒絕。當時他住在科羅拉多州的山區，對教書沒有任何興趣，更別說要到伊利諾州了。但布拉胡特力勸他，並說該校會讓他與屢獲教學獎肯定的頂尖教授胡文美（Wen-mei Hwu）搭配。他說：「你們倆可以一起教這門課，這門課一定會成功，因為胡文美可以教你如何教授這門課。」柯爾克最後點頭同意。

　　在 2007 年，柯爾克每隔一週就會從科羅拉多州飛到伊利諾州授課。學期末，學生們完成了以 CUDA 架構開發應用程式的研究專案，並發表他們的成果。其他全國各地的研究人員開始向柯爾克與胡文美索取講課內容和教材，因此他們錄下課程，並在網路上免費提供影片和筆記。

　　翌年，輝達將伊利諾大學香檳分校指定為第一個 CUDA 卓越中心，並提供該校超過 100 萬美元，以及三十二套 Quadro Plex Model IV 系統，每套系統有六十四顆 GPU ──這可是輝達最高階的設備。

　　「大衛・柯爾克和胡文美是 GPU 的傳教士，」柯爾克的繼任者、輝達的首席科學家比爾・戴利（Bill Dally）說道。他們「在全國各地教授師資班課程，猶如在傳播 GPU 運算這個福音，而 GPU 運算的確開始起飛」。

　　其他學校獲悉柯爾克授課後，也開始探討如何教授平行運算。由於柯爾克是第一個開設 CUDA 與 GPU 的課程，因此沒有統一的教學大綱或標準，也沒有可用的教科書。於是柯爾克和胡文美親自寫了一本教科書。第一版的《大規模平行處理器程式設計》（*Programming Massively Parallel Processors*）在 2010 年出版，售

出數萬冊，並被翻譯成多國語言，最後被數百所學校採用。這本書是 CUDA 引起廣泛注意和吸引人才的重要轉捩點。

建立了 CUDA 的學術訓練管道後，輝達現在準備向學術領域以外的研究人員招手。在 2010 年，學術部門除了資工系和電機工程系之外，幾乎沒有人用 GPU 做科學研究。不過電玩帶來了一道曙光。PC 遊戲，尤其是第一人稱射擊遊戲，愈來愈能逼真地模擬現實世界的物理現象。當電玩使用 GPU 處理圖像加速這個傳統功能時，這些遊戲可以計算子彈的路徑，從子彈自槍管射出的那一刻，到風速對子彈軌跡的影響，乃至子彈撞上水泥牆導致的剝落。所有這些應用都必須仰賴矩陣乘法的各種排列組合──這個數學原理與用來解決複雜科學問題的數學是相同的。

輝達生命科學產業的業務發展總監馬克・伯格（Mark Berger）負責擴大 GPU 在化學、生物和材料科學等領域的應用。他師法奧利佛・巴爾圖克的做法（見第 6 章），一如巴爾圖克努力提升輝達在科技業潛在合作夥伴的知名度，伯格則努力擴大 GPU 在化學等領域的應用。

首先，他免費贈送 GPU 給研究員，並告知他們，輝達斥鉅資為 CUDA 建立基礎函式庫（軟體庫）和工具。雖然輝達可能不熟悉科學界用戶所進行的深奧運算問題，但輝達明白這些用戶寧願花時間在設計實驗，而不願意建立他們都需要的基礎數學函式庫。因此，伯格提供 GPU 顯示卡的同時，也提供開發者工具，藉此加快 CUDA 被採用的速度，也幫助他與科學家建立穩固的關係。

他說：「我成了到處送禮的耶誕老人，寄出大量 GPU 給每

一位我認識的開發工程師，每個人都喜歡耶誕老人。」**⓫**

其次，他開始舉辦為期兩天的年度技術高峰會，讓輝達員工可以與科學家互動交流，並向他們學習。數十位來自生命科學產業的研究員，包括化學工程師、生物學家、藥理學家，以及支援他們工作的軟體開發人員，從美國各地，甚至歐洲、日本和墨西哥，齊聚聖塔克拉拉。第一天，輝達的工程師會公開 CUDA 未來將做哪些改進，包括升級軟硬體的功能。接著科學家和開發人員會回饋他們的意見。

伯格說：「我們的工程師並不是能洞察一切的先知，他們不知道曲棍球球餅會滑向哪裡。有一次，因為開發人員提供的意見，我在 CUDA 與硬體中新增了十多項功能。」

科學家和研究員則肯定輝達的透明度以及願意傾聽的態度。加州大學聖地牙哥分校的生化教授羅斯・沃克（Ross Walker）表示：「他們把我們當成參考資料。我們可以告訴輝達『我們需要這個功能』，輝達就會改變 GPU 晶片的設計，或是將我們要的這個功能加入 CUDA。英特爾壓根兒不會做這樣的事。」

黃仁勳本人非常喜歡參加這些技術峰會，並與直接應用 CUDA 的用戶坐在一起，聽取他們的深入見解。在首屆年度峰會上，他發表了主題演講，回憶自己在業界的早期經歷。當他開始從事晶片設計時，他必須設計矽晶片，從工廠取回矽晶片，然後放在顯微鏡下觀察哪裡出現瑕疵。伯格說：「他對我手下的研究員而言，很具親和力……他們的工作是用電腦模擬與預測在分子層面將要發生的事。」

黃仁勳接著轉而解釋電腦模擬如何改變了晶片產業。他是能

夠在晶片投產前進行大量虛擬偵錯（virtual debugging）找出潛在
缺陷的第一代工程師。他認為，CUDA 在科學領域也將帶來類似
的革命性轉變。相較於在實驗室以手動方式設計和測試新藥的燒
錢過程，現在他們可以改用軟體進行虛擬測試。由 CUDA 驅動
的 GPU 可以讓研究更便宜、更快速、更省時，而且更不容易發
生人為失誤。

　　對輝達而言，這是一個全新的領域。自從與輝達另外兩個
創辦人──克蒂斯・普里姆以及克里斯・馬拉科夫斯基初次在東
聖荷西的丹尼餐廳見面之後，黃仁勳始終專注於明確定義市場機
會和制定新的營運策略。即便在 1993 年，他也必須說服自己，
PC 顯示卡每年有高達 5,000 萬美元營收的機會，這樣他才能放棄
穩定的工作，攜手創辦輝達。在 NV1 和 NV2 失敗後，為了能繼
續存活，他必須重新調整輝達的策略，專攻市場的頂端。在這領
域，機會顯而易見：雖然 PC 顯示卡的市場競爭非常激烈，但幾
乎沒有人能製造出真正優秀的晶片，而這正是輝達的利基。為了
避免輝達陷入沒完沒了的淘汰週期（某公司在某一年的營收是業
界榜首，卻常在隔年被其他公司超越），他必須逼迫旗下團隊在
每個設計週期推出三款晶片，而不是只有一款。此外，為了讓公
司的收入來源多元化，以免某一領域的需求疲弱導致整個公司業
務陷入困境，他積極將公司觸角伸向新領域：進入遊戲機顯示卡
市場，儘管微軟原本已和另一家圖形晶片合作夥伴簽訂了 Xbox
合約；打入蘋果的麥金塔系列，儘管輝達在 Mac 架構方面沒有什
麼經驗；甚至是公司原本避之唯恐不及的專業工作站市場，他也
來者不拒，推出 Quadro 系列產品，專為電腦輔助設計優化。

現在，黃仁勳不僅親自督導催生 GPU 這個全新的運算技術，並且必須從零開始為它開拓市場。他意識到，這將是一個天文數字般的巨大商機，它不僅能為遊戲領域開發更多的可能性，還將對商業、科學和醫學造成深遠影響。為了實現 GPU 龐大的潛力並開拓市場，他必須發展一套全新的技能，同時還要讓公司、投資人和他本人明白，雖然身處在一個老是渴望短時間內看到下一個劃時代產品出現的產業裡，保持耐心和堅持的毅力非常重要。

算力民主化的夢想

沃克教授開發了一種新的 GPU 應用，這是一個生物技術程式，全名是「輔助建模與能量精化」（Assisted Model Building with Energy Refinement，AMBER）。這程式會模擬生物系統中的蛋白質，並成為學術界和醫藥公司研究新藥時最常用的應用程式之一。它最初是專為高效能運算電腦而設計，因此只能被全球資金最雄厚的研究小組所用。但沃克發現，只要幾顆一般等級的 GPU 協同運作，就能執行 AMBER。這讓 AMBER 成為生物科學領域最常用的工具之一。已有一千多所大學和公司行號獲得授權使用，每年被引用於一千五百多篇學術論文中。它的成功得益於能與輝達的 CUDA 架構相容。

沃克在倫敦帝國學院取得化學學士學位和計算化學博士學位。畢業後，他在加州聖地牙哥的斯克里普斯研究所（Scripps Research Institute）擔任博士後研究員，後來轉成專職科研工作

者（research scientist），專門研究模擬酶反應的電腦模擬軟體。有天晚上，他在酒吧遇到聖地牙哥超級電腦中心（San Diego Supercomputer Center）的一些員工，並向他們自我介紹。

他們說：「我們知道你，你的名字寫在我們的白板上，是使用我們所有算力的人。」

沃克獲邀擔任加州大學聖地牙哥分校生物科學中心的主管，他接受了這個職位。儘管他能繼續進行 AMBER 的研究工作，並升等為教授，但他對學術界某些做法愈來愈失望，尤其是對珍貴的計算資源分配不公感到不滿。

他參與了一個委員會，負責審核研究提案，並將中心電腦的使用時間分配給提案獲得批准的研究團隊。在每一次的會議中，通常要審閱五十個提案，而委員會大多數成員對每個提案只會花幾分鐘討論。這讓他感到沮喪。他說：「我知道大家花了三個月的時間、血汗和淚水撰寫這些提案，而我們只花五分鐘就決定他們的命運。」大多數提案都被否決：獲得資助的比率通常在低個位數徘徊。

更糟糕的是，超級電腦的算力往往分配給那些已經成功的人士和團體。在沃克看來，知名科學家都獲得了優先使用權，例如克勞斯・舒爾頓（Klaus Schulten），他開發的計算模型可以模擬蛋白質和病毒的結構到原子等級。或是葛瑞格・沃斯（Greg Voth），他開發的「多尺度理論」演算法（multiscale theory），可以模擬複雜生物分子系統的行為。

沃克說：「但他們之所以能發表著名的論文，因為他們分配到使用超級電腦的時間。其他有傑出想法的人從來沒有這樣的資

源，所以也就無法發揮影響力。這不是因為你的研究有多好，而是因為你能否分配到電腦運算時間。」這形成了一個兩難處境：獲得超級電腦運算資源的唯一途徑，就是之前已經獲得超級電腦運算資源。

沃克記得有一次他拒絕了舒爾頓的申請，後者想在 2009 年 H1N1 病毒（俗稱「豬流感」）爆發期間，獲得超級電腦的緊急優先使用時間，以利他進行分子動力模擬研究。沃克知道任何探索性研究都需要數年時間才能研發出新藥，因此舒爾頓的研究不會立即改變豬流感的疫情。但沃克的決定被否決，他相信這是因為舒爾頓能夠透過一些政治人脈，施加影響力。

對沃克來說，這只是又一個例子，顯示有限的資源，加上學術界的權力派系滋生和官僚體制，如何形成了瓶頸，阻礙整個領域的進展。他感到非常灰心；他希望運算資源可以因能力分配，但他根本無法改變現狀，所有模擬都只能依賴少數幾台功能強大、但價格昂貴的超級電腦的算力。沃克看到學術界急需一種新技術，這種技術可以讓研究員更容易取得運算資源。沃克說：「這是我當時的初衷與動力。」

他一開始考慮委託人設計和客製化專為優化 AMBER 應用的「特殊應用積體電路」（ASIC）。不過，儘管 ASIC 的價格比超級電腦便宜，但每個 ASIC 仍需數萬美元，而且研究人員必須花更多錢組裝能支援這些 ASIC 晶片的專用電腦。即使他能找到設計工程師和製造商，但大多數研究人員仍買不起這些晶片。那些負擔得起的研究人員可能很容易就能分配到超級電腦的運算資源。

　　沃克接著研究遊戲主機，決定索尼（Sony）PlayStation 系列是他的最佳拍檔。但他在這裡也碰壁。雖然 PlayStation 夠便宜，但沃克很難破解索尼的保護屏障，成功修改索尼遊戲主機的韌體和軟體，讓它們能用於非遊戲用途。

　　不過，考慮 PlayStation 的可行性時，他還冒出另一個想法。儘管他未成功破解 PlayStation 主機，但他對圖形處理能力的研究心得讓他相信，市售圖形晶片功能強大，足以執行 AMBER。他所需要的只是一個開放式平台，允許他編寫程式。之後，他發現實驗室內的工作站，也就是他的同事用來製作 3D 可視圖像的工作站，都配備了能與 PlayStation 媲美的高階 GPU。雖然這些工作站的成本昂貴，動輒數萬美元，但他希望這些工作站能執行 AMBER。或許它們可以作為驗證他這個想法是否可行的工具。

　　沃克首先試用巴克開發的程式設計語言 Brook 進行實驗。他在輝達的主要競爭對手 AMD 的 Radeon 系列顯示卡上進行了第一次測試。但這些顯示卡的軟體不成熟，因此程式設計的難度較高。之後，他開始與輝達接觸，討論使用輝達的 CUDA 架構完成程式設計，讓輝達的 GPU 執行他的分子動力學模型。

　　雙方真是天衣無縫的搭配。沃克發現 CUDA 是一個更容易進行程式設計的環境，至於輝達，則看到了將業務拓展到科學運算領域的機會。輝達提供沃克技術性資源，協助他重新設計 AMBER，讓 AMBER 不僅能在 CUDA 上執行運算，還能充分善用 CUDA 的運算能力。沃克說：「我們從第一天就決定將所有東西都轉移到輝達的 GPU 上，這樣 CPU 將變得無關緊要了。」

　　在 2009 年，沃克發布了第一個能支援 GPU 的 AMBER 版

本。它的運算速度比之前的版本快了五十倍。

　　沃克打破學術官僚的箝制，實現了算力民主化的夢想。CUDA 讓科學家可以在負擔得起的硬體上進行重要實驗，不再需要非仰賴少數頂尖大學裡昂貴且稀少的超級電腦運算資源不可。史上頭一次，數以萬計使用 AMBER 的博士後研究員可以在自己的硬體上，以自己的步調進行重要的科學運算實驗，而且不必與自己領域內的頂尖人士競爭（他們勢必會輸的競爭）。學生可以用幾片輝達的遊戲 GeForce 顯示卡組裝一台擁有超強算力的電腦，而且價格合理。「你可以花 100 美元買一顆 CPU，再花 2,000 美元買四個 GeForce 顯示卡，就能擁有一台效能堪比一整排伺服器的工作站。這完全改變了遊戲規則。」

　　在 2010 年的年報中，輝達在討論「高效能運算」產品時，將 AMBER 的成功放在首位。這成就出現在其他重大公告之前，包括與惠普建立夥伴關係、推出用於石油探勘的新款 GPU 驅動的「地震套裝軟體」，以及歐洲一家大型金融機構的投資銀行部門使用 GPU。為了進一步鞏固沃克與輝達的關係，輝達在 2010 年 11 月任命他為 CUDA 研究計畫（CUDA Fellows program）的成員，該計畫旨在表揚在各自領域內使用 CUDA 並提高 CUDA 知名度的研究以及學術領袖，肯定他們的「傑出貢獻」。正如黃仁勳所料，GPU 讓高階運算不再遙不可及，也更便宜，這反過來讓 AMBER 這樣的程式變得易得與易用。AMBER 廣泛被採用改變了整個分子動力學領域的研究方式。

輝達提高管制

　　然而，沃克和輝達在一個問題上出現了分歧。沃克習慣與學術機構打交道，而學術機構的首要任務是推進科學知識。輝達是一家上市公司，既要達到營收目標，也要讓投資人開心。該公司的高階主管沒有料到沃克能以如此低廉的價格讓 AMBER 順利運作。輝達的高效運算部門開始建議科學家使用該公司較高階的 Tesla 通用顯示卡，零售價在 2,000 美元左右，是沃克習慣使用的 GeForce 價格的四倍。輝達聲稱，這個建議是基於 GeForce 系列缺乏錯誤校正功能，若 AMBER 輸出的結果出現微小的數學錯誤，如果不校正，可能會累積成有害的影響。Tesla 系列的自我偵測與自我校正功能在較便宜的 GeForce 上是找不到的。

　　沃克並不同意。他進行了一系列的測試，證明 GeForce 產品線雖缺乏錯誤修正功能，但未造成 AMBER 輸出上的任何問題。然後，他開始證明幾乎完全相反的現象：Tesla 產品線的錯誤修正功能是多餘的，至少對 AMBER 而言是如此。他安排幾位在洛斯阿拉莫斯國家實驗室（Los Alamos National Lab）工作的熟人，該實驗室是美國能源部最重要的研究機構之一，也是原子彈的誕生地，使用 Tesla 顯示卡做同樣的測試，確定 Tesla 顯示卡到底需要修正多少錯誤。結果發現，較便宜的 GeForce 與較昂貴的 Tesla 在效能上並無差異。很明顯，在沃克看來，輝達既將 AMBER 視為推銷高價顯示卡的機會，不只是推進分子模擬技術的機會。

　　「輝達稱，你不能信任這些測試結果，而我有數據證明這些結果是可信的，」沃克說。「我們執行這些模擬兩個星期，沒有

看到一個修正錯誤代碼（ECC）。這就像在最惡劣的環境，在山頂上，在核子實驗室旁邊，在輻射量是美國境內最高的地方進行測試，但仍然沒有發生任何錯誤。」

沃克與輝達的衝突不斷升高。首先，輝達更改了遊戲顯示卡的數學精度，這對 PC 遊戲機的影響微乎其微，但對依賴遊戲卡進行高階運算的研究工具而言，可能會造成災難性後果。為此，沃克和 AMBER 開發人員想出了一個方法避開精度被改變的問題，讓他們可以繼續在 GeForce 上執行模擬，而不會有任何精度問題。之後，輝達開始對其供應商實施 GeForce 顯示卡的採購管制，讓沃克這樣的研究員難以一次性大量採購顯示卡。沃克在全球 AMBER 用戶的電子郵件群組裡批評此舉，稱這是「一個非常令人擔憂的趨勢，可能會傷害到我們所有人，並對我們所有的科研產能和整個領域造成嚴重影響」。

他對輝達企圖從他身上榨取更多的錢感到愈來愈沮喪，因為他為了讓 CUDA 不再只是限於資源豐富的開發工程師與學者的小眾產品，已做了大量努力。如果輝達將 CUDA 的使用限制在價值數千美元的顯示卡上，這個架構就不會這麼成功；使用 CUDA 的成本幾乎會接近設計客製化 ASIC 的成本。

多年後，沃克告訴我：「輝達成功的關鍵在於允許 CUDA 在 GeForce 顯示卡上執行，讓窮科學家也能完成不輸擁有數百萬美元電腦科學家的研究。一旦達到累積到關鍵規模，輝達就會慢慢收緊對 GeForce 的控制，讓高效運算與模擬變得愈來愈困難。」

沃克後來加入製藥生技公司葛蘭素史克（GlaxoSmith Kline），

擔任科研運算負責人。他做的第一件事就是用成千上萬的 GeForce 遊戲卡建立一個數據中心集群（data center cluster），每張顯示卡的價格才 800 美元左右。

這引起輝達負責醫療業務部門的副總裁金伯莉·鮑爾的（Kimberly Powell）注意，她打電話給沃克，說：「你現在在葛蘭素史克。你需要購買我們的企業級產品。」

沃克反駁道：「沒必要。我應該做對我雇主最有利的事。那才是我職責所在。」

「綠扁帽」團隊

對於輝達積極推銷晶片的做法，黃仁勳認為毫無道歉的必要。事實上，他堅持業務員對所有客戶，不論規模大小，都要採取相同的態度。

當輝達將德瑞克·摩爾（Derik Moore）從 ATI 挖角過來時，他已是業內公認的業務天王。他記得接到輝達高階主管電話時，對方跟他說：「你這一年多來一直在狠狠修理我，所以我們想知道你是否願意到輝達工作？」❷

摩爾負責向大型電腦公司（例如惠普）的企業銷售業務，惠普需要為旗下 PC 和筆電系列購買大量 GPU。輝達希望摩爾能帶著他的人脈和資源一起來，而且願意為此付出優渥的薪資。在 ATI，摩爾的年薪約為 12.5 萬美元，這在 2004 年是遠高於銷售人員的平均薪資。在招攬過程中，輝達開出的薪資幾乎是這數字的兩倍。

摩爾很快就知道了原因。當他還受雇於 ATI 時，有一次他在晚上七點左右開車經過輝達總部，發現辦公室幾乎還是全滿的。與他同車的經理說：「哦，他們一定是在開晚間會議。」

現在他是輝達的員工，發現「晚間會議」是常態而非例外。他開始定期在週末加班，這是他在 ATI 從未做過的。他還記得自己被迫在平安夜參加電話會議，討論銷售業績下滑以及該怎麼挽救業務。每個人都沒有真正屬於自己的時間或生活。不過，他看到其他人也都和他一樣，被如此要求，甚至包括黃仁勳在內，這讓他覺得犧牲變得稍稍容易些。他說：「整個公司上下充滿一種奉獻和努力工作的精神，這種工作精神是會傳染的。」

認真工作不代表免受黃仁勳批評。進入輝達的幾年後，摩爾與惠普伺服器部門的合作，將年銷售額從 1,600 萬美元增加到 2.5 億美元。有一天，惠普伺服器部門的兩位高階主管到輝達總部。由於他們的職級很高，黃仁勳問他是否可以參加會議。摩爾很高興他能與會。

伺服器業務比一般企業銷售的風險更高，因為輝達銷售的伺服器顯示卡通常用於關鍵的企業應用，因此得更為可靠。這類也更喜歡打官司。惠普的高階主管詢問，如果出了問題，輝達是否願意針對法律訴訟給予惠普無上限的賠償，這基本上是要求輝達承擔所有法律風險——如果 GPU 故障導致惠普伺服器出了問題。這讓摩爾大吃一驚，因為他不知道惠普的高階主管會提出這樣的法律談判問題。他很高興黃仁勳能出席會議，回答這個出乎意料的問題。

黃仁勳指出無上限賠償的問題。圖形晶片只是伺服器的一

小部分，因此輝達無法賠償整台伺服器的總價，這樣做會給輝達帶來巨大且不合理的財務風險。相反，他建議可將賠償上限與一些更具體的數字連結，就是惠普伺服器部門全年和輝達的業務總額。如果惠普每年花 1,000 萬美元購買顯示卡，那麼一旦發生組件故障，輝達將賠償高達 1,000 萬美元。這項保障會隨著業務成長而增加。惠普的高階主管當場接受了這項交易，而摩爾也滿意地走出會場。

之後，他去找黃仁勳，對他說：「謝謝你來參加會議。我真的很感激。」

然而，黃仁勳有不同的看法。「雖然大家對結果都很滿意，但是德瑞克，我想指出你的敗筆。」

這句話讓摩爾震驚不已。他回憶說：「他這話讓我緊張得要死。」

黃仁勳對他說：「這次的敗筆在於你沒有事先告訴我們惠普會問什麼問題。沒人喜歡這種驚喜。別讓這種事再發生了。」

黃仁勳稱公司的業務團隊是輝達的「綠扁帽」（美國陸軍特種部隊）。他要求他們必須自立自強且積極進取。摩爾未能達到黃仁勳對這角色的期望──即每個業務代表都要成為「你客戶的執行長」。與客戶見面時，他們需要比客戶自己更了解其業務。他們必須預測客戶願意花多少錢購買輝達的優質產品。黃仁勳則會為他們提供任何必要的資源：成為菁英前鋒部隊的「援軍」。

其中一組「援軍」是輝達的技術開發工程師，他們是輝達產品的顧問和系統導入專家。他們有時會造訪客戶，幫助他們解決遇到的問題，或是找出辦法，讓某個程式在輝達 GPU 上表現更

好。這些工程師會盡可能確保合作夥伴知道如何充分發揮輝達顯示卡的最佳性能。

　　對客戶而言，這一切服務都需要付出高昂費用。輝達的晶片從來不降價銷售，甚至不會與競爭對手打價格戰，除非能得到一些回報——例如合作夥伴在電腦上貼輝達貼紙、開機畫面顯示輝達商標等等，提升輝達的曝光率。

　　「我們不是依據成本來定價。我們不相信我們的產品是商品。」摩爾的業務主管告訴他，「我們相信，我們能為客戶帶來非凡的價值，並為我們的品牌創造價值。」

打造 CUDA 生態系

　　黃仁勳不喜歡用建造「護城河」的比喻描述 CUDA 的策略。他比較喜歡把重點放在輝達的客戶上；他談到公司如何努力建立一個強大、持續自我強化的「網絡」，幫助 CUDA 的用戶。的確，CUDA 是令人難以置信的非凡成就。如今，CUDA 開發人員已超過 500 萬人，擁有 600 個 AI 模型、300 個函式庫以及超過 3,700 個 CUDA GPU 加速應用程式。目前市場上約有五億個支持 CUDA 的輝達 GPU。這個平台也可以支援舊版軟體，意味開發人員可以放心，不必擔心用戶未來改用新版晶片時，現在編寫的程式變得無法使用，導致心血付諸流水。黃仁勳表示，「所有建立在輝達產品之上的技術創新都會累積，如果你一開始就參與這個生態系統，並用心幫助這個生態系統和你一起邁向成功，那麼最終你將會擁有多個網絡形成的生態系統，以及開

發者和終端用戶組成的網絡，他們圍繞你發展起來，與你密不可分。」❸

輝達從一開始就重金投資深度學習，投入大量資源建立支援CUDA的架構和工具。當 AI 在 2020 年代初爆發性成長時，這種積極的做法獲得了回報，因為輝達已成了各地 AI 開發人員的首選。開發人員希望盡快完成 AI 應用程式的開發與建置，並盡量降低技術風險，而輝達的平台比較不會出現技術問題，因為用戶社群已經在十多年的時間裡修正了錯誤與缺陷，或找出優化方案。其他 AI 晶片供應商根本沒有出線的機會。

金融科技公司 Amicus.ai 的工程部負責人、前輝達科研工作者李奧‧譚（Leo Tam）表示，「如果你用 CUDA 技術開發、在輝達 GPU 上執行 AI 應用程式，要把這程式轉移到 Cerebras、AMD或其他平台可是工程浩大。這不只是把你的程式放到不同的晶片上那麼簡單。這並不簡單。身為用戶，我可以告訴你，轉移後，執行成效一直無法盡如人意。所以轉平台並不值得。我已經要為我的新公司解決九十九個問題。我不需要再多一個問題。」

輝達很早就看到並抓住了這個機會。前輝達硬體工程部門總監阿米爾‧薩利克（Amir Salek）指出，輝達非常迅速地將重要的 AI 函式庫納入 CUDA 架構中，讓開發人員可以輕鬆使用該領域的最新創新，無需浪費時間建立或整合自己的軟體工具。

薩利克表示，「如果你想要編寫新的 AI 模型或演算法，CUDA 可讓你存取已高度優化且可立即使用的函式庫元件，你不需要深入研究繁瑣細節，例如將數據從這裡搬移到那裡。」❹

基於這些原因，以及其他種種，輝達顯然就是在努力建立強

大的護城河，防止競爭對手挑戰它的市場優勢。輝達製造的通用
圖形處理器（GPGPU）代表了自 CPU 發明以來，在加速運算方
面第一次有了重大進展。GPU 的可編寫程式層（CUDA）不僅簡
單易用，而且開啟了科學、技術和工業領域的廣泛功能。隨著更
多人學習 CUDA，對 GPU 的需求也隨之增加。在 2010 年代初期
左右，曾經看似委靡不振的 GPGPU 市場，似乎正在崛起。

　　黃仁勳的策略才能確保競爭者難以打入輝達所創造的市場，
而這個市場實際上是以輝達獨家開發的硬體和軟體為基礎。

　　輝達目前在晶片設計領域以及在國內外經濟體的地位，似乎
已無法撼動。正如薩利克所說：「護城河**就是** CUDA。」

第 9 章

磨練成就偉大

　　創造 CUDA 並開啟 GPU 支援通用運算（GPGPU）時代的輝達，仍然很像 1993 年在丹尼餐廳裡成立的那個輝達。輝達仍然將技術和全力以赴視為首要之務，仍然做出長期的策略決策，而不是試圖在短期內提高股價。在經營上，它仍然時時保持警惕，執意在詭譎多變的產業中保持領先，總是在公司開始走下坡，露出與市場脫節或產品過時跡象之前，糾正航向。執行長仍然直接管理公司，深入參與產品決策、銷售談判、投資人關係等事務。

　　然而，改變的是黃仁勳與員工之間的關係。2010 年的輝達已不再是只有幾十個人的新創公司，當時他可以隨心所欲地與每一個員工面對面交流，不論他們的層級或工作性質是什麼。如今，公司擁有 5,700 百名員工，儘管許多員工在加州聖塔克拉拉的總部工作，但輝達在北美、歐洲和亞洲都設有分公司。❶ 黃仁勳明白，隨著來自更多地區的員工加入，企業文化不再強健，而衰退的企業文化可能會損害產品品質——正如輝達之前的 5800 Ultra

上的吹葉機那樣。在公司規模較小時，黃仁勳總是盡可能直接向員工提供回饋，持續貫徹他的原則，並確保每個員工都清楚知道公司對他們的期望。但是隨著輝達擴大規模，他發現很難與所有員工直接溝通。

黃仁勳決定在較大型的會議上，直接提供輝達員工回饋與批評，讓更多人可以從某個錯誤中學習。

他說：「我會在會議上，當著所有人的面給你回饋，回饋就是一種學習。為什麼只有你是應該學習的人呢？你犯的某個錯誤或你做的傻事，導致了這種情況。我們都應該從這個機會中學到教訓。」

黃仁勳在任何場合都表現出他標誌性的直率和沒耐性。無論在什麼場合，他會一口氣花十五分鐘訓人。輝達一位前高管指出，「他總是這樣。甚至不只在全公司的會議上，較小型的會議或協調會議上也不例外。他不能放任問題不管。他只是要讓你為錯誤受一些懲罰。」

一個著名的例子發生在輝達首次進軍手機和平板電腦市場，推出 Tegra 3 晶片時。在 2011 年的一次公司全體大會上，黃仁勳要求攝影師鎖定 Tegra 3 專案經理麥克・雷菲爾德（Mike Rayfield）的面部特寫，並不斷放大。因為黃仁勳有話要對他說。當所有觀眾都能清楚看到雷菲爾德的臉時，黃仁勳不假辭色地對他說：

「麥克，你得完成 Tegra。你必須把 Tegra 做好。各位，這是一個經營管理的反面教材。」

另一位輝達前員工表示，「這是我見過最尷尬、最丟臉的

事。」被問及這件事時，雷菲爾德後來在一封電子郵件中說：「這並不是我唯一一次被〔黃仁勳〕教訓」，並加了一個笑臉符號。在 Tegra 晶片問世後不到一年——比原定計畫遲了將近八個月——他離開輝達。他不是被逼走的；而是主動辭職。

黃仁勳有時顯得嚴厲，這是他深思熟慮的結果。他知道人難免會遇到失敗，尤其是在高壓的產業。他希望提供更多機會讓員工證明自己，他相信員工在任何情況下都只差一兩次開竅，就能自己順利解決問題。

他說：「我不喜歡放棄員工。我寧願磨練他們，讓他們變得偉大。」

這種方法不是用來炫耀他比員工聰明多少。實際上，他認為這是一種防止自滿的方法。黃仁勳的時間，以及員工的時間，應該用來解決下一個問題。讚美會讓人分心。而最致命的罪過就是回顧過去的成就，好像它們可以保護你免受未來的威脅。

前業務與行銷高管丹・韋佛利記得，在輝達為 GeForce 256 舉辦行銷活動的隔天，他開車前往辦公室時，接到黃仁勳的電話。韋佛利為旗下團隊的工作表現感到自豪。

「發表會進行得如何？」黃仁勳問。韋佛利花了五分鐘講述他認為活動中每一個成功的環節。「嗯，嗯，嗯，」黃仁勳回應道。韋佛利打住不講了，黃仁勳接著問：「有沒有哪些地方還可以做得更好？」

他只說了這些。他沒有說「好樣的」，沒有說「幹得好」，這些稱讚話都沒有。韋佛利說：「你認為自己做得有多好並不重要，你可以感到自豪，但最重要的是努力改進。」❷

黃仁勳對自己的要求也一樣嚴格。業務高階主管安東尼・梅德羅斯（Anthony Medeiros）憶起在一次會議上，黃仁勳露出自我批評的習慣，甚至不只是習慣，而是一種積極主動的行為。

「我永遠不會忘記這一幕。我們做得非常好。我們在本季的表現超出預期。然後在季度檢討會議上，黃仁勳站在我們面前。」❸

黃仁勳說的第一句話是：「我每天早上照鏡子時都會對自己說：『你真差勁。』」

梅德羅斯驚訝於一個如此成功的人怎麼還會有這樣的想法。不過，無論好壞，黃仁勳都希望輝達每個人都能對自己和執掌的工作採取相同的態度。做好你的工作。不要為過去感到驕傲。專注於未來。

扁平化組織架構

隨著公司成長擴大，黃仁勳偏好直接溝通的做法也塑造了輝達的公司架構。早期，輝達差點因為缺乏內部協調而倒閉。晶片策略不符市場需求，NV1 就是一例。或者，一款出色的晶片因為製造部門執行不力而受限，比如 RIVA 128。或是與關鍵合作夥伴發生糾紛，造成一連串的技術問題，最後導致整個晶片系列失敗，比如 NV30。在這三個案例中，黃仁勳都將失敗的原因歸咎於輝達自身，認為是輝達無法克服困境所致，而非外部因素。他說：「當我們還是一家小公司，就非常官僚和政治化。」❹

隨著時間推移，黃仁勳思考如何從零開始建立一個理想的組

織。他意識到自己會選擇一個更扁平的結構，這樣員工可以更加獨立作業。他還認為，扁平化的結構可以淘汰那些不習慣獨立思考、不習慣在沒有明確指示下高效完成工作的人。他說：「我想創造一個能自然而然吸引優秀人才的公司。」❺

黃仁勳認為，傳統的企業金字塔結構，頂端是「C」字輩高階主管，中間是多層級的中階管理人員，底層是基層員工，這樣的結構不利培養卓越人才。他想捨棄金字塔結構，將輝達改造成類似電腦的堆疊模型（或矮圓柱體結構）。

他說：「第一層是資深人士。你會覺得他們最不需要受到管理，他們知道自己在做什麼。他們是這個領域的專家。」他不想花時間在職業輔導上──因為他們大多數人都已達到職業生涯的巔峰。因此，他很少與直屬下屬舉行一對一的會議，至少在討論開放性話題時。他比較會把他們召集起來開會，提供公司各個部門的資訊，以及他自己的策略指導。這樣可以確保業務的每一個環節都保持一致，並讓黃仁勳在管理高階主管時，能提升企業的整體價值。

輝達目前的組織結構與大多數美國公司形成鮮明對比，後者的執行長只有少數幾個直屬下屬。在 2010 年代，黃仁勳的高階領導團隊（或稱為「e-staff」）有多達四十位高階主管，都向他匯報。而今人數已增加到六十多位。❻ 他堅拒改變他的管理哲學，即使有新的董事加入輝達，並建議他延攬一位營運長減輕他的行政管理負擔。

「不用了，謝謝。」他總是這樣回覆。「這是確保每個人都清楚掌握情況的好方法。」他補充道，指的是他與公司大多數部

門能保持直接溝通。❼

　　參加高階主管會議的人數眾多，有利公司培養透明度和資訊分享的文化。由於頂層高管與最基層員工之間沒有太多層級，因此公司裡每個人都能針對問題提供協助，並預先為潛在的問題做好準備。

　　前行銷高管巴爾圖克對於在輝達共事的同事反應迅速印象深刻，尤其與他之前任職的公司同事相比有天壤之別。他說：「最大的不同是，你只需要向同事開口一次，事情就會按要求完成，從來不需要再開口第二次。」❽

　　數據中心事業部前總經理基恩記得，黃仁勳寫白板來解釋公司主要競爭對手的傳統組織結構，他稱這種結構是「倒 V 型」。大多數公司都是這樣建立起來的。黃仁勳說：「當你成為經理後，開始建立你的倒 V 結構，並保護它。然後，你升職成為副總裁，擁有更多層的倒 V 結構，層層管理更多的人。」

　　基恩說，在其他公司，員工若跳過自己的直屬主管，找上高一、兩級的主管溝通，這行為通常讓人搖頭，敬謝不敏。他說：「沒人喜歡員工越級報告，這樣太不正常了，對吧？」但輝達從來不是這樣。基恩自己每個月和直屬上司交談一到兩次，但每週卻要和黃仁勳會面兩、三次。他說：「黃仁勳創建了一家他可以直接管理的公司。輝達與其他公司存在著巨大的文化差異。」❾

　　基恩也對輝達的開放作風感到驚訝。他加入輝達時是總經理級別，但獲准參加每次的董事會會議和在公司以外地方舉行的董事會活動。一般執行長開大型高階主管會議時，會議室裡只有八、九個人，黃仁勳的高階主管會議卻是座無虛席。基恩說：

「每個人都能聽到他對高管所說的話。確保每個人同時獲得相同的資訊，因而保持一致的步調。」

黃仁勳說，當有重要資訊要分享或即將改變業務方向時，他會在同一時間布達，讓公司每個人知道這個訊息，並徵詢意見。黃仁勳說：「事實證明，透過直接向很多人傳達訊息，而不是一對一交流，〔我們〕讓公司變得更扁平化，資訊傳播得快，員工也獲得授權。這種架構（管理模式）是經過精心設計的。」

使命才是老闆

許多大型企業會劃分成不同的業務單位，各單位由相互競爭的高階主管管理。這些單位按照既定的長期策略計畫運作，僵化缺乏彈性，而且互相爭奪資源。因此，大多數企業往往行動緩慢，舉棋不定。大型專案因為需要公司多個有關人士與層層主管核准而卡關，停滯不前。任何決策者都可以透過玩弄辦公室政治的手段，單方面拖延進度。營運不佳時，公司不得不裁員以符合預算，即使這些員工績效很好。這一切會助長短期思維和拒絕分享關鍵資訊。這樣的企業結構（金字塔結構）不但無法將公司打造成團結、有凝聚力的團隊，反而會催生出有毒的環境，趕走優秀人才。

正如黃仁勳所說，「你希望公司規模大到足以完成目標，但也要盡可能維持小規模」，不會被過度管理和流程所拖累。

為了達到這個目標，他決定與其依賴一群固定的專業經理人（他們唯一的工作就是管事），不如創造一個靈活度更高的系

統，讓輝達依據事業目標來營運。儘管他看長不看短，但他決定摒棄長期策略規畫，因為這種做法會強迫公司堅持走向特定的路線或方向，即便有不照著走的合理理由。

「策略不是口號。策略是行動，」他說。「我們沒有定期的策略規畫系統。因為世界是一個活生生、會呼吸的世界。我們只是持續地規畫。沒有所謂的五年計畫。」

黃仁勳開始告訴員工，肩負的使命才是他們真正的老闆。他認為，所有決定是為了顧客的利益，而不是為了幫直屬主管升官。他說：「使命才是你要負責的對象，這概念很有道理，因為我們最終目標是實現特定的使命，而不是為某個組織架構服務。讓員工思考工作本身，而不是組織架構。是工作，而不是等級制度。」❿

根據「使命才是老闆」的理念，黃仁勳啟動每個新專案時，都會指派一位負責人，稱為「機長」（Pilot in Command，PIC），直接向黃仁勳匯報。他發現這種架構比傳統的管理架構（按事業部門分類）更能提升責任感，也激發員工更大動力，力求把工作做好。

「我們每個專案都有一個機長。每當黃仁勳談到某個專案或需要交付的工作成果時，他總是想知道負責人的名字。沒有人可以推託說『這件事是某個團隊負責』，」前財務主管西蒙娜・詹科夫斯基（Simona Jankowski）說道。⓫「每件事一定有一個負責人的名字，因為你得知道誰是機長，誰該負起責任。」

機長被賦予與黃仁勳相當的權威與決策權，並在整個公司享有優先支援，作為承擔這種責任的回報。黃仁勳將員工按職務與

技能分門別類（例如銷售、工程、營運等），集中管理，形成一個根據需求靈活調動的人才庫，而不是根據業務部門或事業單位來分類。這麼一來，擁有適當技能的員工可以按需求指派專案。此外，這也有助於緩解一直困擾美國企業員工的現象——擔心工作飯碗不保。

「輝達不會不斷地裁員再重新招聘，」全球營運執行副總裁傑伊・普利（Jay Puri）說道。❷「我們為現有員工重新安排新的任務。」輝達的經理都接受過訓練，所以他們不會占地盤，也不會把員工「據為己有」，而是習慣於讓他們在不同的任務小組之間轉來轉去。這種做法避免了大公司內部常見的摩擦來源之一。

他繼續說道：「經理不會因為擁有龐大團隊就位高權重。在輝達，你可以透過出色的工作表現獲得權力。」

黃仁勳發現，這些改變讓輝達反應更快速、更有效率，可以迅速做出決策。因為員工無論職級高低，都被授權參與每項決策。若有爭論或意見不一，最後的決定是基於訊息、數據和事情本身的價值，而不是因為領導人想要晉升或拿獎金，或者因為領導人向其他人施壓，讓別人不得不點頭附和。

最重要的是，扁平化的結構讓黃仁勳可以在會議上，把寶貴的時間花在解釋他決策背後的推理與邏輯，而不是處理地盤爭奪戰。他不僅將扁平化結構視為公司上下對策略保持一致步調的關鍵，讓每個人把使命視為第一要務；他還將扁平化視為培養新進員工的機會，讓他們看到資深領導人如何分析與解決問題。黃仁勳說：「我會說明我的思路，解釋我會那樣做的原因。我們如何透過比較和對比，找出這些想法之間的異同。這種管理方式真的

是在對員工放權。」

員工經常有機會接觸黃仁勳本人以及他決策的過程。此外，黃仁勳也經常公開訓斥高階主管和機長，讓全體員工藉此機會從中學習。他把這些可能讓人痛苦尷尬的時刻視為提升公司效率的做法與機會：關起門來提供一對一的私人交流，會因為需要另外安排會面時間而拖慢他和公司的反應速度，同時也剝奪了新進員工的學習機會。

他說：「我不會把人叫到一邊私下一對一談話。我們的目的不是讓人感到尷尬，而是讓員工從錯誤中學習。如果領導人無法承受小小的尷尬，他們可以來找我談談。但這種情況從未發生過。」❸

五要事電子郵件

不是所有事情都能在會議中溝通討論。輝達的組織如此龐大且分散，黃仁勳需要以某種方式掌握公司內部發生的情況，確保每個人清楚知道自己應該優先處理的任務。在其他公司，主管會依賴下屬提供正式的狀態更新報告。但輝達的管理層認為，正式的狀態更新報告，資訊往往被徹底「清洗」，變得毫無用處。任何存在爭議的情況，例如目前碰到的問題、預期的障礙、人事問題等等，都會被刪除，所以高管看到的是一片和樂的畫面。

因此，黃仁勳要求各層級的員工向其直屬主管和高階主管發送電子郵件，詳述他們正在優先處理的五大要事，以及最近在市場上觀察到的現況，包括客戶的痛點、競爭對手的活動、技術

發展以及專案延誤的潛在風險。輝達資深員工羅伯特‧松格說：「理想的五要事電郵，每個要事的第一個字必須是動詞，例如敲定、建構、確保等代表具體行動的動詞。」❶

為了方便自己篩選這些電子郵件，黃仁勳要求每個部門在主旨欄按主題標記郵件：雲服務供應商、OEM、醫療保健或零售。如此一來，如果他想要查看最近員工如何處理有關超大規模業者的業務，就可以透過關鍵字搜尋，輕鬆找到郵件。

「五要事」電子郵件成為黃仁勳重要的回饋管道。這些郵件讓他能夠提前掌握市場的變化，這些變化是基層員工已察覺到，但他或高階主管團隊可能尚未注意到這些變化。當被問到為什麼喜歡「五要事」郵件時，他會告訴員工，「我在尋找微弱的訊號。要捕捉到強烈的訊號很容易，但我想在訊號還微弱的時候就截獲它們」。對於高階主管團隊，他的態度更直接尖銳。

他說：「先聲明，大家不要覺得被冒犯，但你們可能沒有足夠的智慧或能力察覺我認為相當重要的事情。」❶

每天，他都會閱讀大約一百封「五要事」電子郵件，了解公司內部發生的事情。星期天，他會花更長時間閱讀「五要事」，通常會搭配一杯他最喜歡的高原騎士（Highland Park）單一麥芽威士忌。這是他覺得有趣的事情：「我喝著威士忌，一邊處理電子郵件。」

「五要事」郵件成了洞悉新市場趨勢的管道。當黃仁勳對某個新市場感興趣時，會利用這些郵件來即時調整他的策略思維。舉例來說，黃仁勳在閱讀了幾封討論機器學習趨勢的「五要事」員工郵件之後，認為公司在這個市場的腳步不夠快，恐錯失獲

得優勢的機會。前高階主管麥可‧道格拉斯（Michael Douglas）回憶道：「我一直看到這一點。我覺得我們在 RAPIDS 這項技術上投資不夠。」黃仁勳立即指示相關員工，聘雇更多的軟體工程師，開發 RAPIDS CUDA 的函式庫，這套函式庫後來成為在 GPU 上加速數據科學與機器學習工作負載的重要資源。

在黃仁勳的推動下，輝達的郵件文化從未間斷過。道格拉斯說：「我很快就學到一件事，如果你收到他的郵件，你必須馬上採取行動。」[16] 前人力資源主管約翰‧麥索利補充：「沒有事情會擱置，沒有事情會拖延。你必須立即回覆並採取行動。」[17] 黃仁勳收到電子郵件後，會在幾分鐘內回覆，並希望員工盡快給出答覆，最遲不得超過二十四小時。回覆必須經過深思熟慮，並有可靠的數據支持。那些未達到他高標準要求的回信，會收到他典型的諷刺性回覆：「哦，是這樣嗎？」

由於黃仁勳的回覆快如閃電，員工也學會有策略地安排寄出「五要事」郵件的時間。一位前員工說，「如果你在週五晚上寄出，會一直提心吊膽，因為黃仁勳會在週五半夜回信，那會毀了你的週末」。[18] 因此，大多數員工都是在週日深夜寄出電郵，也就是黃仁勳在家中辦公室放鬆喝著蘇格蘭威士忌的時候。然後他們就可以在週一上班時開始處理他的指示。

前生命科學聯盟經理馬克‧伯格寄出他第一封「五要事」電郵試圖預測 GPU 在生命科學市場的銷量時，無意間引爆黃仁勳的所有不滿。黃仁勳認為輝達在生命科學領域的進展不足，又覺得伯格的分析缺乏嚴謹性。黃仁勳問他是否諮詢了研究教授羅斯‧沃克，後者在加州大學聖地牙哥分校的聖地牙哥超級電腦中

心建立了一個科研實驗室。

伯格承認他沒有諮詢沃克，因為他相信這位學者不清楚 GPU 在科研實驗室的具體使用情況。黃仁勳大發雷霆，要求伯格想辦法收集更多資訊。

這次經驗讓伯格大受震撼，但也讓他成為更好的員工。他多年後回憶說：「黃仁勳的一個特點是，你不能跟他胡扯。如果你對他胡說八道，你的可信度就沒了。妥當的做法是，對黃仁勳坦言：『我不知道，但我會查清楚。』」[19]

被嚴厲訓斥一頓後，伯格馬上與沃克聯繫。兩人設計了一份調查問卷，對象是使用 GPU 的生命科學學者。這份問卷需要三十分鐘才能完成，但伯格透過抽獎贈送遊戲 GPU，鼓勵受訪者完成問卷。伯格和沃克收到 350 位科學家的完整回應，包括他們安裝了哪些軟體、他們建模計畫的規模、他們想要輝達提供哪些功能，以及他們的背景等等。這是一個非常珍貴的資料庫，當伯格在後續會議上提出這些資訊時，黃仁勳終於滿意他對生命科學市場做了盡職調查。

白板勝於 PPT

黃仁勳一直努力想實現影集《星艦迷航記》裡瓦肯人那種心靈相通的狀態——希望員工的心思能與他自己的心思完全融合。正如我們在前言中所看到的，他最喜歡透過白板向公司其他人展示他的思考過程。

黃仁勳對白板的偏好與美國其他公司的溝通方式形成鮮明對

比——通常是搭配 PPT 做口頭報告，講者借助一系列 PPT 呈現資訊，而這些資訊通常被聽眾照單全收。黃仁勳向來討厭這種靜態的會議，缺乏合作或深入討論的機會。

在白板上，黃仁勳會勾勒出某個市場的結構、如何加速某產品的成長，以及某個案相關的軟體或硬體技術堆疊。他的白板創造了一種特殊的會議方式，專門用來解決問題，而不是回顧已經完成的事情。普利說：「當黃仁勳進入會議時，他希望先列出重要問題的優先順序，然後從最重要的問題開始，致力解決該問題。」[20]

不同於「五要事」郵件，輝達打一開始就普遍使用白板。公司總部的兩棟主要大樓「奮進者號」（Endeavor）和「旅行者號」（Voyager），分別落成於 2017 年和 2022 年。兩大樓的設計就是為了鼓勵協作，每棟大樓都有完全開放的工作空間，並在數十間會議室裡安裝占據整面牆的白板。每個階層的員工都應盡可能多多利用這些白板。

例如，每個季度黃仁勳都會召集幾百位輝達的主管齊聚大型會議室開會。每位總經理都必須站到前面，討論自己的業務。總經理要利用白板暢談他們的業務、解釋他們所做的工作，並面對大家質疑決策背後的假設。黃仁勳坐在第一排，旁邊是其他幾位高階主管，他向站在白板邊的人提出詳細的問題，而這些問題需要進一步用白板來解釋。

基恩回憶說：「這並不是業務回顧會議，而是討論一些前瞻性的東西。」黃仁勳將季度業績視為反映幾個月前或幾年前決策成效的成績單。他希望每個人都能不斷反思，當時如果怎麼做可

做出更好的決策，以及如何利用這些經驗教訓，為現在和未來做出更好的決策，尤其是在分配資源和制定策略時。即使業績數字不錯，他也希望大家一直積極進步。基恩說：「他總是在強調如何可以做得更好。不斷地力求好還要更好，絕不鬆懈。」

白板流程幫助高管淬鍊出事物的本質。他們從一片空白開始；他們必須忘記過去，專注於現在重要的事。輝達前主管大衛・拉貢尼斯（David Ragones）說：「每次開會都圍繞著白板開展。這是一種你來我往的互動。當你在白板上寫下想法時，他（黃仁勳）會到另一個白板上寫下他的想法。他想了解你的想法，以及你是如何思考這些問題，然後闡述他自己的想法。」㉑

黃仁勳在會議結束時，會在白板上總結眾人提出的新想法。這樣，他就可以確保大家不會對方向或職責產生任何誤解。

他的下屬發現，即使出差，黃仁勳也希望下屬準備好白板。麥可・道格拉斯每次與黃仁勳出差時，都會確保每個目的地都有一塊大白板——即使必須在當地租或買一塊也沒關係。道格拉斯說：「如果需要五個人扛著那塊白板進會議室，表示那塊白板的大小剛剛好。他就需要那麼大的面積。」㉒

除了高檔的蘇格蘭威士忌，黃仁勳為數不多的奢侈享受之一就是有偏好的白板麥克筆牌子。他堅持使用只有在台灣才買得到的十二毫米寬的斜筆尖的白板筆。他希望坐在後排的員工可以看見他寫的字和圖表。輝達的員工必須隨時準備好這些麥克筆，確保有足夠的庫存。

黃仁勳對輝達盛行的白板文化顯得不甚在意，彷彿那只是備用選項。他聳了聳肩說：「我們必須使用白板，因為我沒有投影

機，我沒有電視，也不喜歡 PPT，所以我們只能邊講邊畫在白板上。」❷

　　但事情並非如此簡單。寫白板強迫大家保持嚴謹與透明。每次站在白板前，都要從零開始寫，盡可能完整而清晰地表達他們的想法。如果報告人還沒想清楚某件事，或者他們的邏輯是建立在錯誤的假設上，這點會立即顯現出來。這不同於 PPT，在 PPT 簡報，你可以透過漂亮的格式和誤導性的文字掩蓋不完整的想法。而在白板上，沒有藏身之處。當你完成簡報時，無論你的想法有多精采，都必須將它們擦掉，然後重新開始。

不同凡響的組織

　　輝達成為一家成熟的公司，並不是因為營收的規模、完善的組織架構或是員工的實力，而是因為黃仁勳學會了如何協助公司擺脫內部權力鬥爭衍生的僵局與混亂。透過直接且公開的回饋、五要事郵件、要求在白板上而非靜態的 PPT 上表達想法等做法，員工靠著公司提供的這些強大武器，得以不斷追求精準並保持一絲不苟，以克服群體思維與惰性。正是這些原則讓輝達能夠迅速行動，把握新的機遇。

　　如果輝達維持成立初期、較傳統的形式，沒有進行變革，就不會發明 GPU 或設計 CUDA；即使有黃仁勳掌舵，也很可能無法存活到第二個十年。但他最終創造出的組織活力──與美國其他大部分企業奉行的「最佳實務做法」恰恰相反，讓輝達得以在冷酷無情的市場壓力下續存並茁壯成長。

第 10 章

工程師思維

　　在我職涯的初期曾轉換跑道，離開顧問工作，加入一家小型科技基金擔任股票分析師。我還記得第一次參加華爾街大型投資會議時的場景。當時我很期待聽完主要演講後，能在分組討論時，向與會的執行長提問。在一個小組討論上，我見到傑拉德・萊文（Gerald Levin，現已辭世），當時他是美國線上—時代華納（AOL Time Warner）的執行長，我問了他有關這家才強強合併沒多久的企業集團一個基本的策略問題，略帶質疑地問他打算如何使用 AOL 的技術和平台。萊文的回答讓我震驚。他沒有提供一個條理清晰讓人信服的答覆，反而長篇大論解釋 AOL Instant Messenger（即時通訊軟體）的強大功能，他用了一堆拗口而時髦的術語，讓我難以理解。

　　身為一個熱愛科技的理工男，曾經自己組裝過數台電腦，並花了相當多時間鑽研當時還不成熟的網際網路，我很清楚萊文對 AOL 產品的實際運作方式理解甚少。我很納悶與不解，一個技術

知識如此貧乏的企業高管，如何能成為全球數一數二媒體與科技公司的掌舵人。

然而，我很快就明白，萊文並非異數。激進投資人卡爾・伊坎（Carl Icahn）有一套理論，認為美國許多企業在選擇新任執行長的過程中一塌糊塗。他將這種現象稱為反達爾文主義（anti-Darwinian）——與自然天擇的無情過程完全相反，自然天擇只允許具備最優秀能力的物種生存與繁衍。❶

伊坎觀察到，許多有能力的高管因為公司內部的一些行為激勵機制而被邊緣化，或遭到冷落，導致更討人喜歡但能力較差的人得到提拔。獲得晉升的人，在性格上類似大學兄弟會的會長。與董事會成員相處融洽，不會對現任執行長構成威脅。他們不是天才，但他們和藹可親，在你心情低落時總是可以找他們喝一杯聊聊。正如伊坎所說，這些人（大都是男性）「不是最聰明，不是最優秀，也不是能力最好的，但討人喜歡，而且可靠」。

執行長想要活下來，他們自然不希望直屬下屬比自己更聰明，以免被取代。他們傾向於選擇比自己稍微不聰明的人。當這個執行長終於卸任時，與董事會關係良好、討人喜歡的高管往往會獲得提升，延續了「不適者生存」的現象，並開啟了另一回合類似的週期。

過去幾十年，我見過幾個有商業背景的非技術性高階主管成為大型科技公司執行長的例子。就像萊文之於美國線上一時代華納，結果就是集團表現平平無奇，甚至更糟。

微軟的史蒂夫・鮑爾默（Steve Ballmer）就是典型的例子。鮑爾默的職業生涯始於寶僑公司（Procter & Gamble）的行銷經

理，之後攻讀史丹佛大學的企管碩士（MBA），在 1980 年加入微軟。他是比爾·蓋茲聘請的第一位業務經理；他曾在營運、銷售和高階管理部門擔任過高管，但在技術方面幾乎沒有實務經驗。

他在科技界名聲不佳。《華爾街日報》的專欄作家華特·摩斯伯格（Walt Mossberg）憶及在蘋果公司與史蒂夫·賈伯斯的一次交談。❷ 摩斯伯格坐好正準備開口訪談賈伯斯時，賈伯斯問他最近到微軟採訪的情況。他似乎特別想知道鮑爾默是否仍牢牢掌控著這家軟體巨擘。當摩斯伯格給出肯定的答覆時，賈伯斯停頓了一下，然後振臂高呼：「太好了！」摩斯伯格進一步解釋，稱儘管賈伯斯非常尊敬蓋茲，但他對鮑爾默卻不然。

賈伯斯的看法是對的。在鮑爾默的領導下，微軟錯過了行動運算的機遇，也進行了一系列糟糕的收購，包括收購 aQuantive 和諾基亞（Nokia）。在鮑爾默擔任執行長十四年期間，微軟股價下跌超過 30%。

在此之前，蘋果公司也曾在一位商業背景超過技術背景的執行長領導下，遭遇諸多挑戰。賈伯斯在 1985 年被蘋果的董事會趕下台，改由百事可樂公司（Pepsi Co.）行銷專家約翰·史卡利（John Sculley）接任，一開始，史卡利的確交出一些成績，包括銷售逐步升級的電腦並提高售價。之後，他對新技術或新產品做了幾項錯誤的決策，例如在 1990 年代初期推出牛頓個人數位助理，以及為 Mac 選擇 PowerPC 處理器等等。因為技術創新停滯不前，讓蘋果在 1990 年代後期瀕臨破產。

儘管鮑爾默和史卡利比任何人都更擅長銷售不同版本的

Windows 作業系統或昂貴的 PowerBook 筆電，但他們無法預判科技下一步的發展方向。蘋果直到收購賈伯斯另行成立的 NeXT Computer，其技術成為 Mac OS X 的基礎後，才得以將作業系統升級至當今水準。

英特爾又是另一個例子。鮑伯‧史旺（Bob Swan）在 2016 年加入這家晶片製造公司擔任財務長，兩年後升任執行長。史旺擁有財務背景；他曾在 eBay 和電子數據系統（Electronic Data Systems，創辦人是前 IBM 銷售員羅斯‧裴洛〔H. Ross Perot〕）擔任財務長。在史旺的領導下，英特爾多次延誤採用更先進的晶片製造技術和新一代處理器，落後於 CPU 主要競爭對手 AMD。更糟的是，史旺似乎把大部分精力花在執行數十億美元的股票回購計畫（譯按：台灣的說法是實施庫藏股），並發放數十億美元的股利以抬高公司股價，但這卻吸走了挹注於研發的資金。英特爾陷入困境，以至於在各個業務領域的市占率都大幅下滑，並將 CPU 技術的領導地位拱手讓給了當時由蘇姿丰領導的 AMD。不同於史旺，蘇姿丰具備強大的工程背景。

事實證明，史旺在英特爾也是不稱職的管理者與資源分配者。與輝達一樣，英特爾在 2010 年代後期也對 AI 領域投入大量資金。2016 年，英特爾以 4.08 億美元收購深度學習新創公司 Nervana Systems，旨在開發 AI 晶片。第二年，英特爾聘請了 AMD 繪圖晶片部門的前主管拉加‧科杜里（Raja Koduri）領導 GPU 研發。身為執行長，史旺在 2019 年以 20 億美元收購以色列的新創公司「哈巴納實驗室」（Habana Labs），進一步擴展英特爾對 AI 領域的產品組合。但英特爾沒有連貫的策略；它同

時推進數個彼此獨立作業的 AI 晶片專案，導致資源和專注力被分散。

　　這主要是由於史旺對於英特爾業務涉及的技術層面不夠熟悉。他缺乏技術知識，不利他做出明智決策，不知道公司應該將時間資源放在哪個重點，也不知道誰最適合負責制定這些決策。相反地，他很容易會受到誰簡報做得最好所影響，即使該簡報（根據一位英特爾前高階主管的說法）沒有任何事實基礎，缺乏可行性。

　　在史旺領導下，英特爾做出了一連串糟糕的產品決策。在 AI 領域，英特爾關閉 Nervana Systems，儘管這家新創公司有一個幾乎已經準備就緒而且產品有前景。相反地，英特爾卻決定依賴哈巴納重啟它在 AI 領域的事業，這等於否定了之前數年的開發工作。

　　輝達 GPU 工程資深副總裁喬納‧阿本在英特爾收購哈巴納之後，評論了英特爾的 AI 計畫。他說：「英特爾的 AI 策略就像在射飛鏢。他們不知道自己要什麼，但又覺得需要買些東西，所以什麼都買。」❸

　　在 2021 年，史旺辭去英特爾執行長一職，由工程背景出身的季辛格接任。他的第一個決定就是停止實施庫藏股。

他是工程師，也是電腦科學家

　　輝達之所以能夠避免類似的陷阱，因為它有一位技術型執行長黃仁勳。輝達早期投資人廷奇‧寇克斯表示，「當你見到黃

仁勳時，即使還有其他數十家 GPU 公司，你會發現他才是你想合作的對象。他之所以厲害，在於他是工程師，也是電腦科學家。」❹

前產品經理阿里・西姆納德（Ali Simnad）憶及他曾參與開發一款 Wi-Fi 產品，但該產品從未發布上市，部分原因是因為黃仁勳過於一絲不苟。

「黃仁勳非常可怕，」他說。❺「你去開會，他對產品的了解程度比你還高。」在產品會議上，黃仁勳清楚告訴大家，他懂各種 Wi-Fi 標準的所有技術細節。該產品對輝達的策略並不重要，但黃仁勳仍抽出時間精進這項技術和規格。「他什麼都知道。我們每次開會，他可能是準備最充分的人。」

大家都知道黃仁勳積極參與公司內部的主題電子郵件討論群，藉此緊貼趨勢並擴展知識。在「深度學習」主題下，工程師討論 AI 最新技術與發展，黃仁勳習慣使然，會轉發感興趣的文章。輝達前資深研究科學家李奧・譚說：「你很清楚黃仁勳在想什麼。」❻

前行銷主管凱文・克維爾（Kevin Krewell）憶起 2016 年在西班牙巴塞隆納「神經訊息處理系統大會」（NeurIPS）會場外的街上偶遇黃仁勳。NeurIPS 每年 12 月舉行，機器學習和神經科學專家會在這個學術會議上發表他們的最新研究成果。NeurIPS 不同於頂級電腦圖形大會（SIGGRAPH）或遊戲開發者大會（GDC），這兩個會議為一般大眾所熟悉，NeurIPS 則更專業。

克維爾知道黃仁勳沒有受邀發表演說，於是問他為何來參加會議。黃仁勳回答：「我是來學習的」。❼

　　輝達的執行長並沒有指派他人代表他出席並幫他做筆記。他親自出席，以便吸收 AI 的最新發展。他想深入參與這個領域，參加會議之外，也與講者、學生和教授交流。後來，他開始雇用許多在會議上認識的人。

　　黃仁勳曾多次表示，如果不深入了解技術，他無法有效履行自己的職責。他曾這樣說：「我們必須理解技術的基礎，這樣才能對產業的變化有直覺而敏銳的洞察力。」[8]。他還強調，「根據現有的發展推測未來的趨勢，這是非常重要的能力，因為科技日新月異，但我們仍需要數年的時間才能打造一套優秀的解決方案。」只有具備該領域的專業知識，才能決定支持哪些專案、估計完成專案所需的時間，然後適當地分配資源，獲得最佳的長期回報。[9]

　　過於關注細節也會誤事：可能導致決策癱瘓。一個好的領導人必須做出決策，即使掌握的資訊或數據不到百分之百精準。這個心得是黃仁勳在奧勒岡州立大學一門由唐納‧阿莫特（Donald Amort）教授開設的工程課上學到的。在他的課上，阿莫特總是使用四捨五入的整數。

　　「我討厭這樣，」黃仁勳說。「我們當時處理的是指數以及來自現實世界中精確到小數點後三位的數字。」[10] 然而，阿莫特並不接受這種精確度，因為這會拖慢他的進度；例如，他會把 0.68 四捨五入為 0.7。他教導學生不要忽略大局。「這曾經令我抓狂。但多年下來，我發現，一味地求精確毫無意義。」

　　黃仁勳把「整數規則」應用在輝達。他的員工半開玩笑、半帶感性地稱之為「執行長數學」。這讓他能夠進行大格局策略思

考，而不會被瑣碎細節拖累，陷入僵局。他可以快速判斷新市場的規模以及它提高輝達獲利的潛力，然後將更多的心力花在更複雜、更仰賴直覺的工作上，包括分析競爭態勢、制定市場進入策略等等。正如寇克斯所言：「製作試算表，讓它顯示任何你想看到的東西，這並不難，但是黃仁勳能夠輕鬆駕馭執行長數學，這是他一大成長。」⓫

黃仁勳對待數學的方式——直接、簡潔、關注大局，這也是他與輝達員工溝通的風格。由於輝達的一切都歸在他的管轄範圍，因此他必須有效率地向外傳達訊息。銷售主管傑夫・費雪表示，「黃仁勳的電子郵件簡潔有力。有時候簡直太短了。」⓬

「就像一首俳句，」布萊恩・卡坦札羅（Bryan Catanzaro）同意道。⓭

這形容很貼切。短短三行的「俳句」往往難以理解，意思又含糊不清，對於輝達的新員工來說，要習慣黃仁勳簡短的電子郵件是一項挑戰。即使是經驗老到的員工，也要花上幾小時討論執行長發來的某封電子郵件到底是什麼意思。如果他們無法達成共識，得再次回信向他請教，請他澄清。

但從某個層面來看，這正是黃仁勳想要的。輝達大多數高階主管一致同意，黃仁勳希望員工發揮自己專業的判斷力，詮釋他下達的指示。他不想控制每一個決策；實際上，過於詳細的指示可能會扼殺員工的獨立性和主動行動的傾向，而這正是他所要培養的。他真正想要的是員工確實盡責與盡職，考慮到自己所做的決定可能產生的所有影響。卡坦札羅強調，黃仁勳這種管理方式不僅僅是出於他個人的偏好。

　　「我們都很忙，」他說。「電子郵件多到讀不完。黃仁勳要告訴大家的重點是，你報告工作成果時，應該對受眾抱持同理心。不要把所有東西一股腦兒地丟給他們，必須以能引起他們興趣的方式呈現。這麼一來，如果他們有需要的話，就可以詢問更多細節。黃仁勳嘗試幫助公司提高效率，並提醒我們，謹慎對待彼此的注意力。如果你想要在大型企業裡發揮影響力，切勿浪費其他人的時間。」

不睡覺，不放假

　　黃仁勳的工程背景最純粹的體現就是他看似用不完的體力與毅力。在他看來，說到企業營運，工作倫理可能比智慧更重要。他說：「你有多聰明並不重要，因為總有人比你更聰明。在全球化的世界裡，你的競爭對手不會睡覺。」[14]

　　黃仁勳也不睡覺。作為一個領導人，他已經在很多方面有了改變和成長，例如，他的策略眼光與布局、他對顯示卡技術和加速運算的理解，以及他管理組織的能力等等，但他擔任執行長三十年期間，有件事始終未變——長時間工作以及全力以赴的態度。

　　一位營運高管聲稱，輝達並不是 24/7 的公司，而是 25/8 的公司。這位高管說：「我不是在開玩笑。我早上四點半起床，然後進行視訊會議一直到晚上十點，這是我的選擇，並不適合所有人。」

　　另一位產品經理指出，許多員工不願接受這種磨練，結果幾

年後便離職。他自己通常在早上九點之前進公司，鮮少在晚上七點之前離開。回到家後，必須上網，從晚上十點至十一點半，與台灣的合作夥伴溝通。他說：「在週末，如果你無法在兩個小時內回覆電子郵件，你必須讓團隊知道你無法回覆的原因。」當他回顧自己的行事曆時，發現過去一年來幾乎有一半的週末不是出差就是在辦公室加班。

輝達瘋狂加班的極端文化源自於執行長本人，黃仁勳對工作兢兢業業，生活幾乎圍繞工作打轉，看不起任何對工作不那麼投入的人。黃仁勳說：「我不知道有哪個非常成功的人，會只把工作視為工作，會說：『這只是工作。這就是我從早上八點到下午五點所做的事，然後五點一到，就打算下班回家。在五點零一分，我就放手不管了。』」**⑮** 他接著說道：「一個成功不凡的人，絕不會像那樣。你必須對工作到了著魔的程度。」

每當黃仁勳難得休假時，員工都剉咧等，因為他多半會坐在旅館裡寫更多的電子郵件，讓他們的工作量比平常更多。在輝達創業初期，麥可・原和丹・韋佛利曾試著勸他。他們打電話給黃仁勳，「嘿，老兄，你在做什麼？你不是在度假嗎？」

黃仁勳答道：「我坐在陽台上看我的孩子在沙灘玩沙，一邊寫電子郵件。」

「出去和孩子們玩吧！」他的下屬堅持道。

「不，不，不，」黃仁勳拒絕了。「我這時候可以完成很多工作。」

看電影時，黃仁勳說他從不記得電影的內容，因為他從頭到尾都在想著工作。「我每天都在工作。我沒有一天不在工作。如

果我不在工作，我就會想著工作，」黃仁勳說。「工作對我來說就是放鬆。」❶❻

對於不像他這麼努力工作的人，他沒有任何同情心；也不認為自己全心全意貢獻給輝達而錯過生命中什麼事情。當《六十分鐘》（60 Minutes）節目在 2024 年訪問黃仁勳時，提到有員工說他對工作要求很高，是個完美主義者，當他下屬不容易等等，他點頭表示同意。

「事情本該如此。如果你想要做些偉大不凡的事，不可能輕鬆的。」

在我報導財經新聞的職涯中，多年來一路從顧問、分析師到現在財經作家的身分，我從未遇過像黃仁勳這樣的人。在繪圖領域，他是一位先驅。在嚴苛的科技市場，他是一位倖存者。他擔任執行長已超過三十年，在標準普爾五百指數中，他是目前在任時間第四長的執行長，僅次於波克夏海瑟威（Berkshire Hathaway）的華倫‧巴菲特（Warren Buffett）、黑石集團（Blackstone）的蘇世民（Stephen Schwarzman），以及再生元製藥公司（Regeneron）的雷納德‧史萊佛（Leonard Schleifer）。在科技業，他在輝達的任期超過貝佐斯在亞馬遜的二十七年、比爾‧蓋茲在微軟的二十五年、賈伯斯重返蘋果掌舵的十四年，而且他們都已卸任，不再擔任執行長。黃仁勳正在逼近科技界執行長的任期紀錄，該紀錄目前的保持人是賴瑞‧艾利森（Larry Ellison），他是甲骨文公司（Oracle）的共同創辦人，擔任甲骨文執行長達三十七年，直到 2014 年才卸任，回任技術長一職。

讓黃仁勳之所以不同於其他競爭對手的原因，雖然易於理

解，卻難以複製。他挑戰了大家對高管的分野：一種是精通技術但對商業管理外行的執行長兼創辦人；另一種是有商業頭腦但缺乏技術敏銳度的經營者。事實上，在強調技術的半導體產業，黃仁勳同時兼具這兩者角色，這可能是成功的關鍵所在。這也是為什麼他與輝達幾乎是共生的關係。就許多方面來看，他**就是**輝達，而輝達**就是**黃仁勳，現在這家公司已擴展成跨國公司的規模，員工超過數萬人，年營收突破千億美元。

當然，上述現實也衍生一個很可能在一段時間內都不會有答案的問題：當他和公司分道揚鑣時會發生什麼事？

「如果你不投資，很快就會被淘汰」

風險再高不過了。黃仁勳總是提醒輝達員工，公司只要做出一個錯誤的決定，就可能慘遭淘汰。和輝達有時是合作夥伴、有時是競爭對手的英特爾，清楚說明了這種風險。

1981 年，IBM 推出 IBM 個人電腦（PC），徹底改變電腦運算產業。這家電腦製造商為 PC 做出了兩個關鍵性選擇，而這兩個選擇將改寫整個產業的發展。第一個是選擇 Intel 8088 晶片作為 PC 的處理器。第二個選擇是決定使用 MS-DOS 作為 PC 的作業系統，MS-DOS 出自軟體新創小公司微軟。但 IBM 犯了一個致命的策略錯誤。當時，IBM 對自家公司的規模和銷售管道信心十足，因此沒有取得英特爾和微軟產品的獨家使用權。沒多久，擁有與 IBM PC 相同硬體但價格較低的「PC 相容」複製品充斥市場。戴爾和惠普等 PC 製造商反客為主，將 IBM 擠出了它自己

一手打造的 PC 市場，最後 IBM 在 2005 年將其個人電腦部門賣
給了聯想（Lenovo）。

　　但 IBM 這個策略錯誤造成的後果之一，是促成微軟與英特
爾合作無間的關係。過去四十年來，這兩家公司一直主宰著電腦
產業。雙方的商業夥伴關係甚至被冠上「微特爾」（WinTel）聯
盟的標籤，亦即結合 Windows（微軟後來開發的視窗作業系統）
和英特爾兩字的新詞。

　　分析師將微特爾聯盟視為「鎖定效應」（lock-in）的典型例
子。愈來愈多企業依營運需求客製程式，這些程式在安裝了微軟
視窗作業系統與英特爾 x86 處理器的 PC 以及伺服器上執行。一
旦鎖定的情況發生，要轉換到其他作業系統或運算系統（例如蘋
果的 Mac 系統）會非常困難。企業不可能把為 Windows 作業系
統編寫的數百萬行程式碼，直接移植到另一個晶片架構上執行，
事情沒有這麼簡單。重新編寫程式，才能擺脫對 Windows 函式庫
和工具的依賴，這是浩大的工程，資訊長認為過於複雜，不值得
冒這個技術風險。

　　然而，微軟與英特爾的命運卻因各自對破壞性創新技術的反
應方式而有了不同的發展。薩提亞・納德拉（Satya Nadella）在
2014 年接任微軟執行長後，該公司果斷轉向，積極進軍崛起的雲
端訂閱軟體與雲端運算服務，成功在雲端運算領域占一席之地，
穩居第二，僅次於亞馬遜的網路服務（Amazon Web Services，
AWS）。

　　反觀英特爾錯過了兩個時代的關鍵機會：智慧型手機處理
器的出現和 AI 的崛起。在 2006 年，賈伯斯詢問英特爾執行長保

羅・歐德寧（Paul Otellini）是否願意為即將推出的 iPhone 提供處理器。在這個左右命運的決定中，歐德寧拒絕了這個機會，結果讓英特爾與未來的智慧手機晶片市場擦肩而過。「他們〔蘋果〕對一款晶片有興趣，想用某個價格購買，而這個價格低於我們的預測成本。我不覺得有什麼好處。」他在 2013 年接受《大西洋》（The Atlantic）雜誌採訪時說：「如果我們當時合作，世界將會大不同。」❼

此外，同樣在 2006 年，英特爾以 6 億美元的價格將旗下 XScale 部門賣給邁威爾科技（Marvell Technology），XScale 當時負責開發用於行動設備的節能 ARM 架構處理器。因為少了 XScale，英特爾在智慧手機處理器市場崛起之前，失去重要的專業技術（安謀控股公司在 2023 年再次公開上市，將適用於行動裝置的節能晶片架構設計授權給半導體公司和硬體製造商，包括蘋果和高通〔Qualcomm〕）。

更糟的是，英特爾在核心業務上犯了一系列錯誤。英特爾遲遲未向荷蘭艾司摩爾公司（ASML）採購及引進新的晶片製造設備，後者使用一種先進晶片製造技術，稱為極紫外光曝光技術（EUV）。而且英特爾對 EUV 曝光技術為基礎的生產設備也投資不足。影響所及，英特爾在大量生產更先進晶片的能力上落後於台積電。2020 年，當英特爾宣布再一次推遲向七奈米製程過渡的時程，許多客戶決定放棄英特爾，轉而選擇 AMD 等英特爾的競爭對手。AMD 負責設計半導體，並出資請台積電代工製造。同年，蘋果開始以自己設計的晶片取代英特爾的晶片，為 Mac 設計處理器，這些晶片採用與 iPhone 相同的 ARM 晶片架構，目前

已用於整個 Mac 系列。

　　至於 GPU，英特爾現任執行長季辛格（編按：季辛格於 2024 年 12 月 1 日宣佈退休）對於公司未能以自製產品打入這個領域表示遺憾，因為該產品本可與輝達的 GPU 競爭。

　　他說：「公司曾有一個叫作 Larrabee GPU 的專案，當我被迫離開英特爾，這個專案也跟著夭折。如果這件事沒發生，今天的世界將會不同。」[18]

　　季辛格曾是倡議 Larabee GPU 專案的高層，並在 2009 年離開英特爾前，擔任企業運算部門的負責人，隨後加入數據儲存公司 EMC。Larrabee GPU 在 2010 年喊卡，英特爾直到 2018 年才重新啟動 GPU 事業。

　　當英特爾一錯再錯，輝達則專注於開創 GPU 時代。在黃仁勳領導下，該公司在 CUDA 上投入大量資源，讓 CUDA 成為 AI 開發人員的基礎生態系統。輝達的收購也很高明，包括購併高速連網領導廠商邁倫公司（Mellanox），以充實輝達數據中心運算產品線。輝達是在面對華爾街要求降低成本、增加利潤的情況下做出這些決定，而英特爾拒絕採用 ARM 架構和放棄 GPU 時，也是這種外部壓力使然。這是創新者面臨的典型困境：英特爾作為當前市場的主導者，未能善用新技術，結果讓更敏捷的輝達後來居上。

　　到目前為止，每個重要的運算時代都重複出現以下這個趨勢：有利於能夠開發出主導市場平台的大企業，也就是「贏家通吃」的態勢。微特爾聯盟在 PC 領域的主導地位，為輝達希望在 AI 硬體與軟體領域奠定領導地位樹立了榜樣。[19] 傑富瑞

（Jeffries）分析師馬克・利帕西斯（Mark Lipacis）在 2023 年 8 月的一份報告中指出，估計微特爾聯盟在 PC 時代占據了整個產業驚人的 80% 營運利潤。隨著網際網路興起，谷歌在搜尋引擎市場的市占率高達 90%。❷ 而蘋果在智慧手機市場幾乎瓜分了 80% 的利潤。

這些歷史或許暗示，進入 AI 時代，大部分戰利品都將歸輝達所有。輝達的 CUDA 與 GPU（唯一能執行該平台的晶片），兩者結合可媲美微軟的視窗作業系統搭配英特爾的 x86 處理器在 PC 時代造成的「鎖定效應」。正如企業應用程式建立在 Windows 作業系統及其相關的函式庫上，AI 模型開發人員與企業也須依賴 CUDA 的函式庫。

當然，輝達也可能會像 IBM 和英特爾一樣，因為錯誤決策而錯過下一波運算浪潮。如果它希望繼續保持主導地位，必須時刻警覺。季辛格讚揚黃仁勳從未放棄他對加速運算的願景。他說：「我非常尊敬黃仁勳，因為他始終忠於自己的使命。」但這不只是策略願景的問題。輝達依舊非常看重創新與技術開發，而非把投資獲利視為使命，輝達並不會為了毛利率和利潤，而犧牲開發與創新，即使這些創新會拖累輝達的財務。

黃仁勳曾說過：「我們只有持續投資，才能保持競爭力。在我這一行，如果你不投資，很快就會被淘汰。」

換句話說，他相信在高度講求技術的晶片產業，創新工程遠比財務指標重要。這個信念也許是黃仁勳與其他同行最不同之處。

第 4 部

走向未來
2013年至今

第 11 章

進入人工智慧領域

　　2005 年左右，輝達的首席科學家大衛·柯爾克考慮改變人生軌道。他在 1997 年初加入輝達，當時公司正在開發 RIVA 128 晶片，輝達靠它而得救。自此之後，柯爾克負責推動多個晶片架構上市，並見證輝達在瀕臨倒閉的谷底以及主宰市場的成就之間擺盪起伏。工作了多年，他需要暫時休息一下，擺脫長時間工作累積的巨大壓力，但前提是得找到一個值得信任的繼任者。柯爾克知道業界找不到任何人能達到他和黃仁勳對輝達首席科學家的高標準要求。但柯爾克倒是看中了一位學者，他擁有令人印象深刻的學歷。問題是，公司要怎麼做才能順利挖角，讓他離開目前的崗位？

　　比爾·戴利教授在電腦科學領域的專業和地位不容質疑，無須其他名銜錦上添花。他是活生生的傳奇人物：1980 年，他在維吉尼亞理工學院取得電機工程學士學位後，便到貝爾（Bell）實驗室工作，一些最早發明的微處理器，有他的心血與貢獻。1981

年，在貝爾實驗室工作的同時，他取得史丹佛大學電機工程碩士學位，並在 1983 年進入加州理工學院攻讀電腦科學博士學位。❶戴利的博士論文指導委員之一是諾貝爾物理學獎得主、量子力學先驅理查・費曼（Richard Feynman），該論文的主題是並發數據結構（concurrent data structure），這是一種在電腦上結構化數據的技術，讓數據可以被多個執行緒同時使用。今天，這種技術被稱為平行運算，而輝達所有的高階處理器都仰賴這種技術。

獲得博士學位之後，戴利獲聘在麻省理工學院任教，鑽研最尖端的超級電腦之外，也研究如何使用現成零件組裝較廉價的機器。在麻省理工任教十一年後，他返回母校史丹佛擔任電腦科學系系主任，繼而更上一層樓，獲得該校大家夢寐以求的捐贈講座教授（endowed professorship）一職，成為史丹佛大學工程學院（Willard R. and Inez Kerr Bell）的教授。

柯爾克在 2000 年代初注意到戴利的研究工作，並邀請他擔任 Tesla 晶片架構的顧問，該架構最後成為支援 GeForce 8 系列產品的核心技術。這是輝達第五代「真正」的 GPU，也是繼第一款可程式設計的 GeForce 3 GPU 之後，最早真正應用平行運算的產品之一。這可是長達六年招攬過程的第一步。

柯爾克說：「這是一個漫長而緩慢的招聘過程，一旦他上鉤，我們就慢慢把他拉進來。比爾是不可或缺的人才，因為他是平行運算的大師。這是他一輩子都在鑽研的領域……他對平行運算的功能有獨到的見解。」❷

在 2008 年，戴利申請到學術休假，考慮自己的下一步。第二年，柯爾克終於成功說服他從學術轉入產業界。戴利辭去在史

丹佛的教職，全職加入輝達，希望將他的理論成果應用到商業領域。

　　柯爾克延攬戴利，不僅是希望接任首席科學家這個重要職務，負責公司上下多項職責，他還知道戴利可以協助輝達加速 GPU 技術的發展。

　　電腦運算史最初的五十年，電腦內部最重要的晶片是中央處理器（CPU）。CPU 是一種通用型處理器，能夠執行各式各樣的任務。它能以極快的速度，在任務之間切換，並能在處理每個任務時，將處理器大量的運算資源集中分配給該任務。然而，由於核心數量有限，CPU 只能同時執行少數幾個任務，亦即一次只能處理幾個運算執行緒。

　　相形之下，GPU 則是處理數據數量大而不複雜的任務。GPU 包含數百或數千個微處理核心，所以能夠將複雜運算拆解成許多個較簡單的任務（執行緒），以平行方式執行。雖然 GPU 的功能不如 CPU 多樣化，但在許多應用上，它的處理速度卻遠優於 CPU。❸ GPU 成功的祕訣在於平行運算，而戴利正是這個領域的先驅。

　　電視節目《流言終結者》（*Mythbusters*）主持人傑米・海納曼（Jamie Hyneman）和亞當・薩維奇（Adam Savage）應輝達的要求，在 2008 年 Nvision 大會上來一段表演，（Nvision 08 大會在聖荷西召開，旨在吸引對圖形領域有興趣的人士，而非廣邀業內的專家）。兩位電視主持人說，輝達要求他們以實際裝置示範 CPU 和 GPU 的差異，就像薩維奇所說：「猶如給大家上一堂科學課，解釋 GPU 的功能。」❹ 他們在台上展示兩台機器，

分別以不同的方式執行相同的任務——繪畫。第一台叫李奧納多
（Leonardo），是可遙控機器人，底部是坦克式履帶，上面安裝
了可旋轉的手臂，手臂拿了一支彩彈槍。海納曼用遙控器指揮機
器人穿過舞台，抵達空白畫布前方的某個點，機器人開始依照預
先編寫的程式指令射出彩彈。大約過了三十秒，李奧納多繪出一
個清晰可辨的藍色笑臉圖案。薩維奇解釋說，這就是 CPU 執行
任務的方式，「一連串獨立的動作依序執行，一個接著一個進
行。」

　　第二台機器叫李奧納多二號，更接近 GPU。它是一個龐大
機架，由 1,100 個相同管子組成，每個管子都裝了一個彩彈。這
些彩彈管連接到兩個巨大的壓縮空氣罐，一千多個管子會同時射
出全部彩彈。李奧納多花了將近半分鐘才畫出簡單的單色笑臉，
而李奧納多二號只花了不到十分之一秒的時間，就在整張畫布上
完成全彩的圖像，讓人一眼就能認出近似《蒙娜麗莎的微笑》。
海納曼以他的註冊商標——冷面笑匠的語氣解釋道：「有點像是
平行處理器。」

　　渲染電腦圖形（將圖形數據轉換成圖形）是一項運算密
集型任務，但其複雜度遠低於重新計算包含 100 萬個單元格的
試算表（每個單元格有不同的數學公式）。因此，要提升電腦
圖形渲染效率，最有效的方法就是讓電腦有更多的專用核心，
因為核心多，可以並行處理更多的軟體執行緒，同時這些執行
緒都是針對與圖形處理相關的專門任務，所以成效能夠優化。
GPU 的設計是為了高效執行專門的任務，所以不需要像 CPU 那
樣靈活或提升硬體設備的運算能力；它只需要提高數據輸送量

（throughput）。

隨著時間推移，CPU 和 GPU 之別已愈來愈模糊，尤其是 GPU 所能執行的矩陣運算已能廣泛應用於電腦視覺、物理模擬和人工智慧等不同領域。GPU 逐漸成為一種更通用的晶片。

神經網絡辨認貓咪

戴利入職輝達後不久，就開始重新調整公司的研究團隊，專注研究平行運算。他參與的第一個重大專案之一竟牽涉到網路上的貓咪照片。

戴利在史丹佛大學的前同事、電腦科學教授吳恩達（Andrew Ng），當時正與 Google Brain 合作，這是 Alphabet 旗下的一個人工智慧研究實驗室，後來併入 Google DeepMind，希望找到更好的方法，透過神經網絡進行深度學習。早期的神經網絡需要人類「教」（告訴）它們看到的是什麼，但是深度學習的神經網絡則完全是自主的。舉例來說，吳恩達團隊從 YouTube 上隨機選取一千萬張靜態圖像，然後向深度學習神經網絡輸入這些圖像，讓網絡自己決定哪些模式出現頻率多到足以讓網絡「記住」這些圖像。這個深度學習神經網絡模型因為接觸了大量包含貓的影片，最後在沒有人為干預的情況下，自主生成了一個貓臉的合成圖像。從此之後，該模型就可以在不屬於訓練集的圖像中準確地辨認出哪些是貓咪。❺

對戴利等電腦科學老手來說，這是一個轉捩點。他說：「要讓深度學習發揮效用，其實需要三個條件。」❻ 他指出，

「第一，核心演算法從 1980 年代就已存在。雖然出現了像 transformers 這種模型架構，但總體來說，這些技術已經存在數十年。第二，數據集。你需要大量的數據……標記數據集是 2000 年代初期開始出現的有趣現象。然後，李飛飛建立了大型的圖像數據集「ImageNet」，並將其公開，讓很多人可以利用它做非常有趣的事，這可是對公眾非常重大的貢獻與服務。」

吳恩達的研究證明，可將眾所皆知且易於理解的演算法應用於龐大的數據集。雖然他的深度學習模型能夠辨識貓咪而引起媒體關注，成為頭條新聞，但它能做的遠遠不止如此。Google Brain 神經網絡擁有超過十億個參數，能夠辨識數萬種不同的形狀、物件，甚至是人臉。❼吳恩達需要谷歌，因為谷歌讓他有機會取得豐富的數據集進行深度學習，而谷歌 2006 年收購的 YouTube 正巧也是全球最大的內容庫之一。即使是吳恩達自己的母校史丹佛大學，也無法提供這樣的深度學習訓練素材，儘管史丹佛擁有龐大的研究經費（谷歌並非出於利他主義，而是有交換條件：吳恩達利用這些數據開發出的任何產品或技術，谷歌保留對這些成果商業化的權利）。

但戴利認為，「讓深度學習成功發揮效用」的第三個條件是硬體，而事實證明這一點更難。吳恩達利用谷歌的一個數據中心，將兩千多個 CPU 連接起來，建立了自己的深度學習伺服器，這些 CPU 共有 1.6 萬個運算核心。❽但他現在面臨的挑戰與羅斯・沃克在聖地牙哥超級運算中心面臨的挑戰如出一轍：儘管他對概念驗證所做的研究與實驗有激勵人心的成果，但大多數企業仍然負擔不起接觸或應用深度學習。即使是資金充裕的研究團

隊，也無法購買數千顆昂貴的 CPU，遑論租用數據中心的空間，用以儲存、供電和冷卻如此龐大的運算系統。為了真正發揮深度學習的潛力，硬體必須變得更經濟實惠。

離開史丹佛大學加入輝達後，戴利仍與吳恩達保持聯繫。有天早上他們共進早餐，吳恩達提及他在 Google Brain 的工作，描述深度學習理論或許可成功應用在現實世界：在沒有人為標記或介入的情況下，自動識別照片中的物件。吳恩達詳細介紹他的做法，他將 YouTube 影片的大量數據集與數萬個傳統處理器的原始（未經優化的）運算能力相結合。

戴利對這做法留下深刻印象。他說：「這真的很有趣。」然後，他提出了一個將會改變人工智慧發展軌跡的觀點。「我敢打賭，GPU 在這方面會做得更好。」❾

他指派同事布萊恩・卡坦札羅（加州柏克萊大學電機工程與電腦科學博士）協助吳恩達團隊使用 GPU 進行深度學習。戴利和卡坦札羅深信，深度學習相關的運算任務可以分解成 GPU 更小、較不複雜的操作，因而提高 GPU 的執行效能。他們進行了一系列測試，的確證實了他們的想法可行，在理論層面是成立的。但在實際應用仍面臨挑戰——深度學習的模型過於龐大，無法在單個 GPU 上執行，因為單個 GPU 只能處理有 2.5 億個參數的模型，然而吳恩達的 Google Brain 模型的參數是這個數字的好幾倍。雖然在一台伺服器上最多可安裝四個 GPU，但將多台 GPU 伺服器「鏈接」在一起以增加其整體運算能力，在此之前並未嘗試過。❿

卡坦札羅的團隊利用輝達的 CUDA 語言編寫了一套優化運

算效能的程式，以便將運算分散到多個 GPU 之間，並管理這些 GPU 之間的通訊。經過優化後，吳恩達和卡坦札羅可以將原本由兩千個 CPU 處理的工作，集中整合到僅需十二個輝達 GPU 就能完成。❶

　　戴利表示，卡坦札羅已經證明，只要能開發出精湛的軟體，優化 GPU 的執行效率，GPU 便有能力提供「點燃 AI 革命的火花」。❷「如果你把燃料想像成演算法，把空氣看作是數據集，現在有了 GPU，就可能讓它們互相應用。如果沒有 GPU，這一切（深度學習）都無法實現。」

　　卡坦札羅的 CUDA 優化工作也讓他第一次與黃仁勳直接接觸。「突然之間，他對我所做的工作產生濃厚的興趣。他寫電子郵件問我一些問題，例如我想做什麼、深度學習是什麼、它是如何運作的，」卡坦札羅回憶道。「當然，還有 GPU 在實現這一目標中可能扮演的角色。」❸

　　黃仁勳當然想要賣出更多的 GPU。但為了做到這一點，他需要找到推廣 GPU 普及化的「殺手級應用」。深度學習有潛力成為這樣的應用，但前提是必須有人能證明深度學習擁有辨識家中寵物以外的用途。

AlexNet 震驚全世界

　　就在卡坦札羅協助吳恩達開發深度學習神經網絡專案的同一時期，加拿大多倫多大學的研究團隊指出，深度學習神經網絡在解決最具挑戰性的電腦視覺（computer vision）問題上，成效表現

超越當時的最佳軟體。

　　這個里程碑的源頭要追溯到 2007 年，當時甫升等為普林斯頓大學教授的華裔電腦科學專家李飛飛（戴利在之前的引文中提到過她）開始研究一個新專案。當時，電腦視覺領域（教導電腦辨識圖像）致力於開發最好的模型和演算法，因為大家普遍的假設是，設計出最好的演算法，就能讓電腦得到最精確的結果。但李飛飛顛覆了這個假設，提出用最好的數據進行訓練，就能讓電腦得到最精確的結果，即使研究員沒有寫出最完善的演算法。❹為了讓她的研究夥伴在收集必要數據的艱巨任務中占得先機，她開始收集與彙整圖像目錄，每張圖片都根據其內容進行人工標記。經過兩年的努力，圖像數據庫已經有超過三百萬張圖像，涵蓋一千個不同且互不重疊的類別，從具體的物件（如喜鵲、氣壓計、電鑽），到廣泛的類別（蜂巢、電視、教堂）全都包。她將這個數據庫命名為 ImageNet，並發表了一篇研究論文，向學術界宣布它的誕生。一開始，沒人閱讀這篇論文，雖然她還透過其他方式，希望引起公眾關注，但也未能成功。於是她聯絡了牛津大學，該校有一個與她類似的數據庫，而且贊助每年在歐洲舉行的電腦視覺研究人員競賽。她詢問牛津大學是否願意利用 ImageNet 在美國共同贊助類似的活動。牛津大學同意了，於是 2010 年美國舉辦了第一屆「ImageNet 大規模電腦視覺辨識圖像挑戰賽」（ImageNet Large Scale Visual Recognition Challenge）。❺

　　比賽規則很簡單：參賽模型被隨機輸入取自 ImageNet 的圖像，然後必須正確地將它們歸類。在 2010 年和 2011 年的兩屆比賽，結果並不理想。在首屆比賽中，有個模型幾乎每張圖像都分

類錯誤，也沒有任何一個團隊的正確率超過 75%。❶ 第二年的比賽，參賽隊伍的的表現整體比上一屆好，表現最差的隊伍，正確率也有一半左右，但還是沒有隊伍的分類正確率達 75% 以上。

在 2012 年舉行的第三屆比賽中，多倫多大學教授傑佛瑞・辛頓（Geoffrey Hinton，2024 年諾貝爾物理學獎得主）和他的兩個學生伊爾亞・蘇茨克維（Ilya Sutskever，OpenAI 共同創辦人）與亞歷克斯・克里澤夫斯基（Alex Krizhevsky）設計了名為 AlexNet 的參賽模型。有別於其他團隊的做法——先設計演算法與模型，再優化對 ImageNet 的辨識準確度，AlexNet 團隊採取了相反的做法。他們用輝達 GPU 支援一個小規模的深度學習神經網絡，這個神經網絡被輸入 ImageNet 圖像，然後「學習」如何處理圖像數據，亦即學習如何建立圖像與其相關標記之間的關係。AlexNet 研究團隊並沒有打算寫出最好的電腦視覺演算法；事實上，他們自己沒寫過一行電腦視覺程式碼。相反地，他們寫出了他們自認最佳的深度學習模型，相信它能自己獨立解決電腦視覺問題。

「從費米（Fermi）這一代開始，GPU 的運算能力就已足夠強大，因此你可以在合理的時間內建立一個具挑戰性規模的神經網絡和具挑戰性規模的數據，」戴利說道。他指的費米是支援 GeForce 500 系列的晶片架構，該系列在 2010 年首次發布。「因此，AlexNet 在兩週內就完成了訓練。」❶

AlexNet 表現很驚人。大多數競爭對手又一次難以突破 75% 的門檻。但 AlexNet 幾乎正確分類了 85% 的圖像，而且是透過深度學習的功能自行完成的。AlexNet 的勝利為輝達帶來了巨大的

公關宣傳效果，因為辛頓和他的學生只需要一對市售的消費級
GPU，每個僅需幾百美元就可搞定。AlexNet 讓輝達與人工智慧
史上至今仍被視為最關鍵的事件永遠地相連在一起。

　　卡坦札羅表示，「當克里澤夫斯基和蘇茨克維發表他們的
ImageNet 論文時，〔它〕真的是讓全世界為之風靡。大家往往忘
了，它其實主要是一篇系統論文。那篇論文並不是介紹一個關於
如何思考人工智慧的新穎數學概念。相反，他們所做的是使用加
速運算技術，大幅擴展數據集和模型的規模，然後將其應用到這
個圖像辨識的特定問題上，最終產生了一些很棒的結果。」❽

　　克里澤夫斯基和蘇茨克維的研究引起黃仁勳對人工智慧的興
趣。他開始與戴利頻繁交談，並專注於深度學習，特別是 GPU
支援的深度學習到底可為輝達帶來多大機會。高層內部對此議題
有相當多的辯論。黃仁勳的幾位重要副手反對提高對深度學習的
投資，認為這只是一時的風潮，但黃仁勳推翻了他們的意見。他
在 2013 年的一次高層會議上表示：「深度學習將會大行其道，
我們應該全力以赴。」

為 AI 浪潮做足準備

　　儘管黃仁勳當時並未完全意識到這一點，但其實輝達成立
後的頭二十年，他一直在為這一刻做準備。他為輝達網羅最優秀
的人才，包括從競爭對手和合作夥伴挖角。他創造了一種企業文
化，推崇卓越的技術、最大的努力，以及最重要的，對公司的全
心投入。他創建的輝達體現了他專注、有遠見的風格。如今，他

應用所有可用的資源，引領輝達成為科技產業的核心要角，讓公司的硬體能成為實現未來 AI 世界的核心驅動力。

第一步是大幅增加人工智慧領域的人力和經費。卡坦札羅估計，過去只有少數人從事人工智慧相關的專案。但當黃仁勳開始理解輝達眼前這個巨大機遇時，他運用「一個團隊」的理念，迅速重新分配資源。

「整個公司絕非一朝一夕就徹底改變，」卡坦札羅回憶道：「在幾個月裡，黃仁勳對 AI 愈來愈感興趣，開始問愈來愈深入的問題，然後鼓勵公司集中資源，蜂擁至機器學習。」[19]

在資源「迅速湧入」AI 領域之後，輝達發表了一系列專為 AI 市場設計的新功能。在此之前，黃仁勳已經做了一個重大且昂貴的決定，讓輝達所有硬體產品都能與 CUDA 相容，讓研究員和工程師能夠以 CUDA 架構設計程式，優化輝達的 GPU 運算效能，滿足他們的特定需求。現在，他要求戴利提出以 AI 為重點的改進方案。

黃仁勳在公司全體員工大會上宣布調整策略重心。他說：「我們必須將這項工作視為最優先要務。」[20] 他解釋，輝達必須讓合適的人參與人工智慧領域，如果這些人目前在做其他的事情，他們將改變重心，轉而聚焦在人工智慧領域，因為這比他們目前在做的任何事情都還要重要。[21]

卡坦札羅將他優化 GPU 的研究成果轉化為軟體函式庫，輝達將其命名為 CUDA Deep Neural Network，或 cuDNN，是輝達第一個 AI 優化函式庫，並將發展成為 AI 開發者的必備工具。它可與所有主要的 AI 架構搭配使用，並自動替用戶選用最有效率

的演算法完成各種 GPU 任務。卡坦札羅說：「黃仁勳很興奮，希望能盡快將這項技術變成正式的產品並對外發布。」

　　另一條大有可為的路是調整輝達 GPU 所能執行的數學運算精度。當時，輝達的 GPU 支援 32 位元（單精度浮點數計算，或 FP32）或 64 位元（雙精度浮點數計算，或 FP64）；這兩種精度是許多科學與技術領域的要求，但深度學習模型不需要那麼精確。深度學習模型只需要 GPU 執行 16 位元（半精度浮點數計算，或 FP16），因為網絡在訓練期間對運算誤差有一定的容錯性。換句話說，輝達 GPU 所做的運算**過於**精確，因此對於深度學習模型來說，運算速度會慢很多。為了讓 GPU 跑得更快，以及提高這些深度學習模型的執行效能，2016 年戴利讓輝達所有的 GPU 都可支援 FP16。

　　但真正的核心任務是客製化能優化 AI 效能的積體電路（晶片）。當輝達將核心業務轉向人工智慧領域時，員工已經在研發下一代 GPU，稱為 Volta。這個新產品線的開發工作已進行了數年，在這時候對晶片設計進行任何微小的更動，都是昂貴且困難重重。但戴利在黃仁勳的鼓勵（與施壓）下意識到，如果公司現在不嘗試開發優化 AI 效能的晶片，可能幾年內都不會再有這樣的機會了。

　　戴利表示，「整個團隊（GPU 團隊）、黃仁勳和我本人，一致同意要大幅增加對 AI 的支援，」儘管開發的起步時間上已經很晚了。這種「支援」包括開發一種全新類型的微型處理器，稱為張量核心（Tensor Core），並將其納入 Volta 架構中。在機器學習中，張量是一種儲存數據的容器（data container），可編碼

多維度訊息，尤其適用於複雜的內容類型，諸如圖像和影片。由於張量是非常複雜的數據結構，所以張量數據需要大量的運算能力。而最有趣的深度學習形式，諸如圖像辨識、語言生成和自動駕駛等等，都需要使用更大且更複雜的張量核心。

相較於 CPU 運算，傳統的 GPU 有了顯著進步，能夠更高效地平行處理多個較小的任務子集。同理，相較於傳統的 GPU，張量核心也是一大進步，因為經過優化，能以更高效率運算更專業的任務子集。用戴利的話來說，張量核心是「矩陣乘法引擎」（matrix multiple engines），專門用於深度學習，而且只用於深度學習。搭載張量核心的 Volta GPU 可用於訓練深度學習模型，運算速度比搭載標準 CUDA 核心的 GPU 快了三倍。❷

所有這些創新與改變都得付出營運成本。戴利和團隊在 Volta 系列的開發進程進入尾聲，距離下線只有幾個月，亦即距離進入生產前的最後一步（封裝階段）只有幾個月，竟然對設計進行最後的調整。對於晶片製造商來說，在最後時刻自願進行這樣的調整，而非因為在最後一刻發現重大缺陷被迫調整，輝達此舉可謂前所未見。

戴利回憶道：「這是一個關於要占用多少晶片面積的決定，因為我們認為這個不斷發展的 AI 市場將會是一個巨大的市場。結果證明這是個明智的決定。我認為我們能做到這一點（在最後一刻仍能調整），正是輝達的優勢所在。」❷

從某種意義上說，輝達正在做它一貫在做的事情：發現一個大機會，並在其他人意識到潛力之前，火速將產品推向市場。黃仁勳早在人工智慧軍備競賽初期就明白，這不僅僅是誰能為深度

學習製造最快速的晶片，同樣重要的是，軟硬體的基礎設施如何有效配合。

黃仁勳在 2023 年回憶道：「擁有一個能夠允許擴展這些模型的架構和注意力機制（attention mechanism），也確實為 AI 這個產業帶來重要的開端。」❷❹

戴利同意黃仁勳的看法。他說：「更重要的是，及早建構完整的軟體生態系統。輝達希望開發各式各樣的軟體，讓大家能輕鬆在 GPU 上有效率地進行深度學習」，因為提供一個現成架構和支援開發的軟體函式庫，讓第三方開發者、研究人員和工程師想到 AI 時，幾乎會自然而然地優先考慮輝達。

CUDA 讓輝達在學術界 AI 研究人員的封閉世界中打響知名度與口碑，而輝達的新一代硬體技術也恰好為這些 AI 學術界的先驅提供了進入商業領域的機會。不久之後，人工智慧的重心將從史丹佛大學、多倫多大學和加州理工學院，轉移到新創公司和已具規模的成熟科技企業。辛頓和李飛飛後來被谷歌網羅。吳恩達在百度擔任首席科學家，百度原本是中國最大的搜尋引擎，現在則是一家科技集團。蘇茨克維是辛頓的學生，也是 AlexNet 取得突破的三位研究員之一，後來是深度學習新創公司 OpenAI 的共同創辦人，讓大眾意識到人工智慧的革命性影響。

這些人有一個共通點，就是在學術生涯中，都使用輝達 GPU 進行開創性的研究。隨著他們將人工智慧從一個冷門艱澀的學術領域轉變為全球著魔的對象，同時催生人們對新型晶片、人工智慧伺服器和數據中心的巨大需求，輝達將繼續成為他們的首選。

　　戴利和卡坦札羅讓黃仁勳在 AI 發展初期，就敏銳地察覺到它的潛力。黃仁勳確信 AI「將顯著擴大軟體和硬體的 TAM（整體潛在市場），擴大程度將是數十年來首見」。㉕他在短短幾年內重塑輝達的方向，將其改造為以 AI 為核心，並以「光速」般的速度全力推進。事實上，只有透過極端措施──逆勢而行，打破科技界普遍的做法，例如靜態僵化的組織結構、冗長的開發週期、保守吝嗇的研發支出等等，黃仁勳才得以在 AI 引發的大地震（機會）終於爆發時，讓輝達做好了準備，並充分利用了這個機會。然而，即使在那個時候，沒有人，甚至是黃仁勳本人，都不知道整個科技產業的地底下將會發生多麼劇烈的變動。

第 12 章

「最令人畏懼的」避險基金

鮮少人知道，世上最知名的激進對沖基金 Starboard Value 與輝達的歷史緊密交織。

Starboard 的創辦人傑夫・史密斯（Jeff Smith）的老家在長島的大頸鎮（Great Neck）。1994 年，他自賓州大學華頓商學院畢業，取得經濟學學士學位，並開始在投資銀行界的職涯。後來，他加入一家名為 Ramius Capital 的小型對沖基金，該基金後來被併入高宏集團（Cowen Group）。❶ 2011 年，史密斯和兩位合夥人將 Starboard Value 從原來的公司獨立出來，成為一家獨立的基金，該基金「專注於挖掘表現不佳公司的價值，以嘉惠所有股東」。❷

根據 2014 年《財星》（*Fortune*）雜誌的一篇文章，史密斯因為強勢的激進投資而迅速被美國企業界冠上「最令人畏懼的人」。❸ 當年，該基金管理的資產已超過 30 億美元，年均投資報酬率高達 15.5%。它在三十個不同公司的董事會，更換了八十

多名董事；被該基金改造的董事會包括生物科技公司 SurModics
和美髮沙龍公司瑞吉斯（Regis）的董事會。在 2012 年，Starboard
Value 在美國線上董事會新增董事的代理權之爭中罕見失利，但
仍繼續將目光投向更大的目標。

2013 年底，Starboard Value 做出了迄今為止最引人注目的舉
動：該基金宣布已持有全美最大的全方位服務連鎖餐廳「達登餐
飲公司」（Darden Restaurants）5.6% 的股份。達登餐飲旗下的休
閒餐廳包括橄欖園（Olive Garden）、紅龍蝦（Red Lobster）、長
角牛排館（LongHorn Steakhouse）等全國性的連鎖餐廳。達登的
營收已經連年下滑，並以海鮮成本上升為由，決定完全脫手紅
龍蝦。❹史密斯不同意這個決定；他將達登的困境歸咎於管理失
當，認為達登出脫紅龍蝦實際上不利股東的權益，而非創造股東
的權益。Starboard 認為達登具備存續所需的一切條件，唯獨缺乏
優秀的領導層。

2014 年 9 月，Starboard 針對如何扭轉達登的經營困境，準
備了一份近三百頁的 PPT 簡報，這份簡報引起全國媒體的廣泛
關注；財經記者注意到提案中特別尖銳的語氣（「達登多年來一
直管理不善……急需扭轉局面」），有些人則嘲諷一些撙節成本
的建議，例如要求服務生供應免費的麵包棒時不要太慷慨，要有
節制。❺但 Starboard 的計畫既全面又合理，即使是麵包棒的建
議，也是為了增加員工與賓客之間的互動次數。此外，Starboard
表示，它誠心看重達登的品牌，不只是基於財務上的原因：「橄
欖園在我們心中有特別的位置，」其中一張 PPT 這樣寫道。❻
Starboard 避險基金的提案結合了感性與嚴謹，贏得了達登股東的

支持；Starboard 贏了代理人投票，更換公司董事會所有董事，共十二人。達登的執行長旋即辭職，公司開始落實 Starboard 批准的轉型計畫。史密斯的勝利進一步強化他在業界縝密又強悍的形象。

在 Starboard 打贏達登這場廣為人知的勝仗的前一年，史密斯對輝達採取了一次較不引人矚目的行動。

2013 年初，輝達的股東開始坐立不安。四年來股價基本持平，財務表現好壞參半。截至 1 月底的最新季度報告，營業額比去年同期成長了 7%，但獲利卻縮水 2%。

輝達財務健全，擁有約 30 億美元淨現金，這在公司總市值達 80 億美元的情況下，是顯著的好資產。然而，輝達的成長率只有個位數，因此本益比（P/E）只有十四倍。扣除輝達現有的資金後，Starboard 認為該公司的價值被嚴重低估，而且其核心資產有更大的成長空間。根據證券交易委員會的 13F 申報，Starboard 在截至 2013 年 6 月的那個季度，累積持有輝達 440 萬股，價值約 6,200 萬美元。

輝達一些高階主管並不樂見 Starboard 成為其股東。一位輝達的資深主管表示，公司董事非常擔心這個激進避險基金會強迫公司重組董事會，安插自己的董事，並讓輝達削減對 CUDA 的投資——一如它在第二年試圖對達登進行大幅重組與改革。另一位輝達的高階主管表示，Starboard 想要一席董事，但被董事會拒絕。

儘管如此，雙方的關係從來沒有太過對立。「我不認為雙方的關係到達了所謂的危機階段，你知道 DEFCON 1 嗎？」一位

輝達主管問道，他提到美國軍方備戰警報分級系統 DEFCON，DEFCON 5 表示和平，DEFCON 1 表示核戰一觸即發。「現在雙方關係到了 DEFCON 3。」

Starboard 團隊多次與黃仁勳及其他輝達領導人開策略會議。多年後回顧當時的投資，史密斯表示，Starboard 主張積極股票回購，以及減少對於手機處理器等非 GPU 產品的關注。❼ 會後，Starboard 沒有進一步施壓，最後 Starboard 如願以償得到股票回購。2013 年 11 月，輝達發布了兩項公告：承諾在 2015 年財政年度前回購 10 億美元股票，並授權未來再回購 10 億美元股票。接下來幾個月，輝達的股價飆升了約 20%，Starboard 在翌年 3 月前出售了輝達的持股。

輝達與 Starboard 的關係毫不緊張，實際上，在這段短暫的時間內，雙方似乎合作得還不錯。

「我們對黃仁勳印象深刻，」史密斯說。

黃仁勳還記得與 Starboard 開過會，但不太記得討論了什麼。Starboard 賣掉輝達持股，不再是輝達股東一事，他也是事後才知道。但 Starboard 對晶片產業和輝達的影響並未就此畫下句點。

精準的購併

1999 年，幾位以色列科技主管成立了一家名為邁倫的公司，由艾亞爾・瓦德曼（Eyal Waldman）領軍，他後來成為該公司的執行長。邁倫根據「InfiniBand」標準為數據中心和超級電腦提供高速連網產品，很快成為業界的領頭羊。公司的營收成長率讓人

驚豔，從 2012 年的 5 億美元增至 2016 年的 8.58 億美元。然而，昂貴的研發費用導致毛利非常微薄。

在 2017 年 1 月，Starboard 購入邁倫 11% 的股份。它發了一封信，批評瓦德曼及其團隊在過去五年的表現令人失望。邁倫的股價下跌，即使半導體指數上升了 470%。其營業利潤率僅為同業平均值的一半。Starboard 在信中指出，「長期以來，邁倫都是表現吊車尾的半導體公司之一，微調和小幅度改善的時代早已過去。」❽

經過與董事會一系列長時間的討論，Starboard 與邁倫在 2018 年 6 月達成折衷方案。邁倫將接納三名 Starboard 認可的成員進入董事會，如果邁倫達不到某些未公開的財務目標，Starboard 未來將享有更多權利。即便得到這些讓步，Starboard 仍未放棄發動代理權之爭來換掉瓦德曼的選項。或者，邁倫可以考慮賣給一家有能力改善自己資產報酬率（ROA）的公司。這個選項為半導體史上最具影響力的交易之一奠定了基礎。

2018 年 9 月，邁倫收到了某家公司提出的非約束性收購要約，收購價是每股 102 美元，較目前 76.9 美元的股價高出近三分之一。現在，邁倫成了被收購的熱門對象。邁倫邀請投資銀行尋找其他競標者，最後將潛在買家的名單擴大到七家。

據輝達一位高管表示，黃仁勳一開始並未考慮收購邁倫。但他很快就看到邁倫這項資產的策略關鍵性，並決定輝達必須打敗其他競標者，於是在 10 月加入競標行列。

最後，買家名單縮小到三家：輝達、英特爾和賽靈思（Xilinx），賽靈思主要製造工業用晶片。三家潛在買家展開了長達數月之久

的競價戰，英特爾與賽靈思的出價最高約為每股 122.5 美元。輝達的出價稍高，為每股 125 美元。2019 年 3 月 7 日，輝達以 69 億美元全現金的方式，贏得這場收購戰。

幾天後，輝達和邁倫對外公開這筆收購交易，並與投資人和分析師舉行了電話會議。

黃仁勳表示，「讓我來告訴你們，為什麼這對輝達來說是有意義的，以及為什麼我對這件事興奮。」他談到高效運算的需求將上升，包括 AI、科學運算和數據分析等工作負載需要龐大且高效的運算性能，而這只能透過 GPU 加速運算速度以及更好的連網技術才能實現。他解釋說，AI 應用最終需要數萬台伺服器相互連接並協作完成任務，而邁倫領先的連網技術將是實現這一目標的關鍵。

他說：「人工智慧與數據分析快速發展，兩者的工作負載太大，數據中心需要進行全面優化。」黃仁勳預測運算將不再局限於單一設備，整個數據中心將成為一台電腦。

購併助攻

黃仁勳的願景幾年後就實現了。2024 年 5 月，被輝達收購的邁倫季度營收為 32 億美元，比 2020 年初邁倫作為上市公司的最後一個季度財報成長了七倍多。才短短四年，輝達一次性出資 69 億美元收購的邁倫，已創造超過 120 億美元的年化收入，並以三位數的速度持續成長。

「坦白說，邁倫是激進人士送給我們的大禮。」一位輝

達資深高階主管表示，「如果你和當今的 AI 新創公司聊聊，InfiniBand（邁倫的連網技術）對於擴展運算能力、實現跨網（跨系統）協作，極為重要。」

靠著輝達 GPU 提供雲端運算服務的供應商 CoreWeave，共同創辦人兼技術長布萊恩・范圖洛（Brian Venturo）認為，InfiniBand 技術仍是連網的最佳解決方案，可減少延遲、控制網路壅塞、提升工作負載運算效率。在某些方面，邁倫對輝達來說是個意外之喜。黃仁勳一開始還沒注意到這一點。但當輝達發現並察覺到這個機會後，便果斷決定積極收購邁倫。這筆交易非常划算，但收購成效取決於輝達在交易完成後的執行能力。從這角度來看，邁倫是輝達典型的成就：當別人尚未採取行動時，輝達就先發制人，搶占先機，有了邁倫助攻，輝達成為人工智慧領域的霸主。

輝達全球業務營運執行副總裁普利表示：「這絕對會被列為史上最佳收購案之一。黃仁勳明白，數據中心等級的運算需要真正優異的高效能連網技術支持，而邁倫在這方面是全世界最好的公司。」❾

看到輝達過去十年來取得的成就，Starboard Value 的老闆史密斯也用一句話總結。

「我們當初根本不該賣掉輝達的股票。」

第 13 章

照亮未來的光

　　光是一種極其刁鑽複雜的自然現象。有時它的表現像粒子，有時它的表現像波。有時它會被物體反射，有時它會被物體散射，有時它會被物體完全吸收。物體在空間中的移動或物體彼此撞擊時的變形現象可以用物理定律來描述，但光無法用單一一組的物理理論概括性描述。然而，我們從睜開眼睛的那一刻，就接觸到光，而且憑直覺就知道它在現實生活中是怎麼「發揮作用」的。

　　因此，光可能是電腦圖形中最重要的視覺元素，也是最難重現的元素。沒有好的光線，圖像會變得扁平、刺眼或失真。光應用得當，圖像就能接近歷代知名大師的作品，即使是簡單的構圖也能傳達情感和戲劇性。人類藝術家或攝影師可能需要花上一輩子來駕馭作品中的光線。多年來，電腦似乎永遠無法達到相同的技術水準。

　　早期的電腦圖形大都無法重現逼真的光照效果，因為即使是

最先進的處理器也難以有效完成這麼複雜的運算。最好的渲染演算法（rendering algorithms）也只能以簡單的方式模擬光的物理原理，結果造成扁平的紋理、模糊的陰影和不自然的反光。過了二十年，其他電腦圖形領域多半有了穩定改善，甚至發明了 GPU，圖像渲染幾乎在各方面都變得更好、更有效率，但是光照模擬仍然是難以克服的問題。

這時大衛‧呂布克出現了。1998 年，呂布克取得北卡羅來納大學教堂山分校電腦科學博士學位，希望在電腦圖形領域展開自己的學術生涯。他在維吉尼亞大學擔任助理教授八年，後來因為工作進度緩慢而愈來愈沮喪。每當他的團隊發明了粒子渲染或將二維紋理映射到三維物體表面的繪圖新技術，但是等到相關論文完成同儕評審時（通常超過六個月），這些技術都已過時。輝達是造成呂布克的研究結晶幾乎立即被淘汰的「禍首」，因為它不斷推出新的 GPU 功能，效果優於呂布克團隊在實驗室發明的新技術。他說：「我無所適從，意興闌珊，也想過完全離開學術界。」❶

然後，他沒料到竟然會接到輝達首席科學家柯爾克的來電，熟悉呂布克研究的柯爾克說：「輝達正在籌組一個長期研究小組。你有興趣嗎？」

呂布克對於輝達一再超越他的研究成果並無怨言。他反而希望加入輝達這家電腦圖形領域的龍頭，尤其是如果這意味他能夠協助定義該領域的未來方向。

2006 年，他成為輝達研究部門（Nvidia Research）這個新單位的第一名員工。入職後的頭幾週，呂布克與輝達的系統架構師

及多年老友史蒂夫・莫納（Steve Molnar）共進午餐，詢問他的意見，認為輝達研究部門應該做什麼。例如，是否應該把申請專利視為工作核心？莫納想了一會兒，說道：「我不認為輝達是某種知識產權的堡壘。我們的優勢在於不斷超越對手。」

這是中肯的觀點。輝達主要依賴卓越的營運和嚴格遵守策略的紀律，才能一直保持創新的領先地位。它有快速的產品發布週期和清晰的優先順序，所以資助沒有明確商業目標的推測性研究（speculative research）並不包括在輝達的優先項目裡，換言之，輝達研究部門似乎不符合公司的核心競爭力。

然而，柯爾克之所以支持成立研究部門，正是因為他看到了電腦圖形領域中最複雜的問題需要投入長期的研究，即使將這些研究成果商業化可能需要花更長時間。呂布克入職幾週後就有了三位新同事。他們第一次與柯爾克共進團隊午餐時，問到可以從哪裡開始。柯爾克並未明確下達指示，他告訴他們，工作內容由他們自己決定。但他至少給了一些基本的指導方針：他們應該聚焦於對公司有重要性的研究；他們的研究應該能夠發揮顯著的影響力；他們應該專注於開發一些在正常營運模式下難以出現的創新——亦即這些創新需要全力以赴以及長期的努力，而公司其他部門無法承擔這類工作。

輝達研究部門

光線追蹤技術（ray tracing）正是這樣的一個研究項目，光線追蹤是一種技術，可模擬光線在虛擬場景中反射或穿透物體時的

行為。理論上，光線追蹤意味可以做出比目前市面上其他產品更逼真的光照效果。但實務上，這項技術的運算要求非常高，以至於目前的硬體無法處理。

　　當時的傳統觀點認為 CPU 在光線追蹤方面勝 GPU 一籌，因為 CPU 可以執行更廣泛、類型更多樣的運算。英特爾的內部研究小組大力推動這個觀念；他們認為，由於光線在現實世界中的行為非常複雜，因此只有 CPU 才能準確地為它建構模型。

　　輝達研究部門成立後不到六個月，研究團隊所做的實驗不僅顯示 GPU 已經強大到足以處理光線追蹤運算，而且速度比目前這一代的 CPU 更快。對於能解決電腦圖形領域中長期存在的問題並將其商品化的潛力，呂布克感到興奮，並安排了輝達研究部門與黃仁勳的第一次會議。

　　通常黃仁勳出席簡報會議時，講者只有幾分鐘可以連續發言，不被打斷，然後簡報就會變成來來回回的雙向討論。但這次黃仁勳卻聽了整整一個小時。呂布克說：「我認為他對我們很有耐性，讓我們完整表達自己的看法。」

　　呂布克說完之後，黃仁勳回饋了他幾個意見。光線追蹤技術在遊戲市場上有明顯的潛力。但黃仁勳建議呂布克和他的團隊不要忽略其他領域。首先，光線追蹤可以用來推廣輝達的 Quadro 工作站顯示卡，這些顯示卡雖然銷售量不大，但由於價位高，當時占了公司近八成的利潤。吸引專業與技術市場的注意力，可能對公司更有利。

　　黃仁勳深信光線追蹤值得公司深入開發，呂布克接著參加了輝達 GPU 工程團隊的設計會議。呂布克團隊對於如何實現光

線追蹤所需的算力有許多想法，包括改良 GPU 的運算核心處理器。呂布克和他的團隊習慣了學術界自由放飛的討論風格，所以以為工程師也會對類似的討論會議持開放態度。他說：「我們參加了一場費米晶片架構會議，我們只是希望能夠讓多個執行緒在同一個 CUDA 核心上平行執行。」他說的費米是當時正在開發的新一代晶片。

就像黃仁勳一樣，費米 GPU 架構師能夠包容他們的新同事，也接納他們不按常規、不同於傳統企業的行事風格。「這個提議成本不高，我認為我們做得到。」GPU 工程主管喬納・阿本說道，但有個額外條件：「你們得了解，我們需要根據數據來做這些決定。」

輝達研究團隊接收到對方的訊息，也學到重要的一課。提出的想法可以天馬行空，但做出重要決策時，GPU 硬體團隊需要根據證據，才能決定是否值得投入時間和資源。「你不能只說這是顯而易見的好點子，」呂布克說。

接下來一年，研究人員全力以赴，努力提供這些證據。他們開發了概念驗證技術，並完成演算法，證明 GPU 可以用於光線追蹤，而且高效又經濟。這是一項讓人著迷、興奮的工作，而且不只研究人員這麼覺得。卡坦札羅當時在輝達實習，他記得黃仁勳在 2008 年參加了一次光線追蹤研究團隊會議。他沒有問任何問題，沒有帶電腦，只是在現場聽著研究員討論光線追蹤一個小時。

柯爾克對研究團隊的成果深信不疑，力勸輝達管理高層快速行動，將呂布克的想法轉化為實際商品。第一步是收購在光線追

蹤領域擁有專長的新創公司。輝達鎖定並購併了兩家公司：位於柏林的 Mental Images 以及位於猶他州的 RayScale。呂布克和柯爾克搭飛機到猶他州，向 RayScale 的共同創辦人皮特・薛利（Peter Shirley）與史蒂芬・帕克（Steven Parker）示範，光線追蹤在 GPU 上的執行效果遠優於他們依賴的 CPU。

　　輝達買下 RayScale 之後，它的員工與輝達研究團隊一起為 2008 年電腦圖形大會 （SIGGRAPH）做示範。這正是 1991 年克蒂斯・普里姆首次向全世界發表《飛行員》之所在，並向全世界展示電腦圖形的潛力。輝達經常參加這個年度大會，而今在將近二十年後，它已準備好展示電腦圖形的又一次進化。呂布克團隊展示了一個由 GPU 支援的跑車影片：一輛拉風閃亮跑車在城市中穿行，其中充滿了只有光線追蹤技術才能產生的各種效果：曲線表面的反射、銳利的陰影、扭曲倒影以及動態模糊。

　　「這是公司的關鍵時刻。一件大事的開端，」呂布克回憶道。「GPU 無法支援光線追蹤技術的說法，被這次的示範徹底駁倒了。」

　　幾位英特爾員工出席看了這個示範後，走到輝達研究團隊面前，詢問是否真的是使用 GPU 執行運算。當呂布克確認這是真的時，他看到他們在黑莓手機上瘋狂打字。英特爾的研究團隊再也沒有發表任何有關在 CPU 執行光線追蹤的論文。

　　隔年，在 2009 年 SIGGRAPH 電腦圖形大會上，輝達推出 OptiX，一個在 CUDA 架構上、完全可根據使用者需求程式設計的光線追蹤引擎，搭配 Quadro 顯示卡，能加速光線追蹤的運算，應用於逼真的渲染、工業設計和輻射研究等領域。為了支援

這次發表會，帕克和 RayScale 的前員工從研究部門轉出來，加入輝達的核心業務部門。

「我們一直將輝達研究部門視為一個孵化器。如果某個東西孵化成功了，我們就會讓它離巢，變成產品，」呂布克說。

在短短三年內，輝達研究部門已經從一個進行推測性運算專案的隊伍，變成可以穩定創造新商機的部門。儘管如此，要讓大眾能夠使用光線追蹤技術，還有很長的路要走。輝達在 2008 年 SIGGRAPH 電腦圖形大會上所做的示範仍然超出了消費級顯示卡的能力範圍。雖然 OptiX 可以讓工程師更快渲染光線追蹤場景，但除非場景的設計非常簡單，否則光線追蹤無法實現即時渲染，因為它的運算量太大。輝達決定擱置在遊戲中進一步應用光線追蹤技術的想法。

過了多年，在 2013 年，柯爾克再次聯繫呂布克。他說：「我們需要重新檢視光線追蹤。要如何才能讓它成為電腦圖形的核心技術？」他認為該在遊戲中應用即時光線追蹤了。

呂布克對前景感到非常興奮，於是在 2013 年 6 月 10 日向輝達全體員工發了一封電子郵件，這封電子郵件後來被稱為「光線追蹤的登月計畫」（ray-tracing moonshot）。他寫道：「有好一陣子，我們一直在規畫這個關於光線追蹤的新計畫。如果光線追蹤的效率能提高一百倍，我們可以應用它做什麼？又需要怎麼做才能達到百倍效率？」

呂布克並沒有誇大問題的挑戰性。只有運算效率提升百倍，才能讓更便宜的消費性顯示卡實現即時光線追蹤。要做到這一點，需要新的演算法和專用的硬體電路，還需要對 GPU 技術的

可能性有新的想法。

主要的功臣來自輝達位於赫爾辛基的團隊，輝達總部員工稱他們是「芬蘭人」。提摩‧艾拉（Timo Aila）在 2006 年因為公司被收購而加入輝達，並成為赫爾辛基辦公室的第一位員工。隨著時間推移，艾拉和他的同事漸漸成為公司內部的特種部隊，專門負責處理輝達最棘手的研究問題。現在，他們被賦予重任，開發 GPU 內部專門支援光線追蹤運算的處理器核心。輝達元老兼晶片架構師艾瑞克‧林霍爾姆（Erik Lindholm）特地飛往芬蘭，提供支援。

呂布克說：「這些芬蘭員工非常厲害，他們能點石成金。」

輝達研究部門向 GPU 架構團隊展示研究成果並獲得支持後，2014 年 3 月，美國總部的工程師被指派與芬蘭人合作，一起開發光線追蹤處理器核心。2015 年，芬蘭人抵達總部解決剩餘問題。2016 年左右，專案接近完成，輝達研究部門將專案完全交給公司的工程團隊。雖然光線追蹤技術已來不及在同年稍後推出的巴斯卡（Pascal）架構中使用，但輝達準備在下一個圖靈（Turing）架構中推出專用的光線追蹤處理器核心。

呂布克提到芬蘭人時說：「我的工作就是保護他們的心血，確保他們獲得所需要的照顧、支持與關注。」

黃仁勳將在 2018 年 SIGGRAPH 電腦圖形大會上發表主題演講，介紹圖靈架構及其內部專用的光線追蹤處理器核心，距離輝達研究部門證明光線追蹤屬於 GPU 而非 CPU 的工作，整整過了十年。黃仁勳將把演講的大部分時間用來介紹圖靈架構，以及專為加速「深度學習」神經網絡工作負載而設計的第二代張量核

心。但黃仁勳並不滿意，他希望在演講中加入更多吸引觀眾的元素。

「產品是否酷得讓人難以置信？大家會不會喜歡它？」

距離 2018 年 SIGGRAPH 電腦圖形大會登場還有兩個星期，黃仁勳邀請輝達的高階主管為他的主題演講出主意。輝達研究部門的亞隆・雷佛恩（Aaron Lefohn）建議他展示新的深度學習抗鋸齒（DLAA）功能。DLAA 由圖靈內部的張量核心支援，利用人工智慧提升圖像品質，讓高解析度的圖像更清晰，物件邊緣看起來更銳利。黃仁勳對這提議並不熱中，他想要更刺激的東西。「一張更好看的圖片賣不出太多的 GPU。」

但他還是從該建議中找到了靈感。與其使用深度學習抗鋸齒功能改善已經夠好的圖像畫質，倒不如考慮使用張量核心讓低階顯示卡的效能能與頂級顯示卡的水準比肩。舉例來說，輝達可以使用圖像增強功能來採樣（sample）和插值（interpolate）更多的像素，這麼一來，顯示卡原本是以 1440p 解析度（也稱為「Quad HD」）生成和渲染圖像，現在則能夠產生更高解析度的 4K 圖像，而且幀率（圖像每秒更新的次數）相去不遠。可透過 AI 填補細節，將低解析度的 1440p 圖像調整為更高解析度的 4K 圖像。

黃仁勳說：「如果能做到深度學習超採樣（DLSS），**那**會非常有幫助。這將是一大進展。你們能做到嗎？」

雷佛恩和他的團隊討論了一下，然後告訴黃仁勳這也許可行，他們需要研究這個想法。一週之後，距離發表主題演講只剩幾天，雷佛恩向黃仁勳回報，稱初期的結果很有希望，他們將能製造出後來被稱為 DLSS 的技術。黃仁勳說：「把它們放在 PPT 上。」

卡坦札羅說：「世界上沒有人想過要在家用電腦上，建立一個系統和機器學習模型，能每秒推測並生成上億個額外像素。」❷

DLSS 概念是黃仁勳當場即興想到的。他看到了一種新技術所蘊含的潛力，並將這種潛力轉化為具有更高商業價值的新功能。如果 DLSS 成功，公司的整個產品線，從低端到高端，性能都將提升，連帶增加產品的價值，讓輝達可以提高價格。呂布克說：「研究人員發明了了不起的技術，但黃仁勳看到了它的價值。這顯示黃仁勳的領導力，也顯示他的技術專業和智慧。」

黃仁勳的主題演講廣受好評，但以圖靈 GPU 為基礎的 GeForce RTX 顯示卡卻不受市場青睞。傑夫·費雪表示，「光線追蹤和 DLSS 的回響不如預期。」問題在於，GeForce RTX 的幀率相較於上一代巴斯卡顯示卡，效能的提升微乎其微。當遊戲玩家開啟光線追蹤這項本應是殺手級的新功能時，RTX 顯示卡的幀率卻下降 25%。

DLSS 的表現稍微好一點點。啟用後，讓顯示卡的運算速度比巴斯卡快了約 40%，但畫質卻明顯下降。此外，輝達還必須對每一款遊戲的畫格進行微調並訓練 AI 的深度學習模型，確保 DLSS 能發揮預期效果，這是繁瑣且耗時的過程。儘管如此，輝

達明白開發新產品以及迭代技術固然重要，但也必須耐心等待市場的需求跟上來。卡坦札羅說：「你可以靠自己解決雞生蛋、蛋生雞的問題。如果不先建立人工智慧，就無法將這了不起的技術普及到數以億計的家庭。光線追蹤和人工智慧將永遠改變遊戲領域。我們知道這勢不可當。」

卡坦札羅在 2018 年圖靈推出後加入 DLSS 專案。他負責的 DLSS 2.0 在 2020 年 3 月上市，這個版本不需要針對每款遊戲進行調校，並獲得更好的評價。卡坦札羅說：「我們重新調整解決這個問題的思路，並獲得更好的結果，無需再為每一款遊戲單獨收集訓練數據。」

下一個版本性能更優。卡坦札羅曾短暫離開輝達，加盟中國搜尋引擎和科技公司百度，但過不久又回輝達參與開發 DLSS 3.0，希望利用深度學習在遊戲畫格（幀）與畫格之間創建 AI 生成的插幀。這種思路認為，在每個連續的畫格之間都存在模式和關聯性，如果 AI 晶片能夠預測這些模式和關聯性，就可以減輕 GPU 一部分的渲染運算負擔。

卡坦札羅表示，花了六年時間才為畫格生成功能建立足夠準確的 AI 模型。他說：「在我們努力的同時，我們看到畫質持續改善，所以我們繼續努力。大多數學術界人士因為有畢業壓力，所以不太可能在一個專案上投資六年時間。」

從輝達開發 DLSS 和即時光線追蹤技術，看得出它是如何推動創新。儘管輝達會以非常快的速度推出新的晶片與板卡，但有了研究部門等團隊，輝達同時也會進行「登月計畫」。費雪說：「當我們推出下一代安培架構（Ampere）時，我們在光線追蹤與

DLSS 方面已累積足夠動能，足以讓該產品揮出全壘打。」

這是一種更進一步、制度化的預防措施，用以避免出現克里斯汀生在《創新的兩難》一書中所警告的停滯現象：公司無可避免地想要專注於核心、獲利的業務，而忽略對探索性創新的投資，畢竟這些創新可能在數年內都無法實現商業價值。

根據市場研究機構喬恩佩迪研究（Jon Peddie Research）的調查，截至本文完稿為止，過去十年輝達在獨立顯示卡或多擴充卡槽 GPU 市場的市占率大約維持在 80%。儘管以傳統指標來看，AMD 的性價比較高，但遊戲玩家還是選擇輝達，因為看中輝達的創新能力。光線追蹤和 DLSS 都已成為數百款遊戲的開發工程師無法忽視的必備功能。而這些功能在輝達顯示卡上的表現尤其出色，讓超微難以競爭。

以光線追蹤為例，從一開始的構想到整合到 GPU，花了十年時間。同樣地，DLSS 經歷多次迭代，例如畫格生成技術，也花了六年時間。「這需要遠見和長期的堅持。即使結果尚不明確，也需要投入資金。」卡坦札羅表示。

輝達研究部門顯示黃仁勳的策略願景如何隨著時間而改變。一開始，當公司處於生存模式時，他希望每個人都能專注於具體的專案：以「光速」推出下一代晶片、銷售「整頭牛」（完整的產品線），以及完全依靠出色的執行力擊敗競爭對手。隨著輝達的規模愈來愈大，黃仁勳意識到，現在的生存意味必須盡可能在各方面為公司未來做好準備。持續創新需要輝達採取更靈活的營運方式，即使這意味嘗試一些年輕時黃仁勳可能會拒絕的賭注。

現在更成熟的黃仁勳不再害怕走錯一步，尤其公司現在有了

一些財務緩衝。「如果你不願意冒險，不願意讓自己出糗，你就無法創新，」他說。❸「我們不設投資報酬率的時間表。沒有投資報酬率的時限，也沒有獲利目標，因為這些都不是我們優先考慮的重點。我們唯一要優化的是這個：產品是否酷得讓人難以置信？大家會不會喜歡它？」

　　一位前業界高管認為，輝達有別於其他競爭對手之處，在於它願意進行長期的實驗與投資，並將這些一開始存在不確定性的開放式探索成果成功轉為商業價值。這有別於谷歌等科技巨擘，這些公司花費巨資研究新技術，但在商業化方面卻乏善可陳。值得注意的是，撰寫〈注意力就是你所需要的一切〉（Attention Is All You Need）這篇有關 Transformer 深度學習架構的八位工程師和科技專家，都在不久後離開谷歌，另尋 AI 創業的機會。這篇具有里程碑重要性的論文奠定了現代 AI 大型語言模型（LLMs）的基礎，包括 ChatGPT 的誕生。「這只是作為大公司的副作用，」這篇重要論文的共同作者之一里昂・瓊斯（Llion Jones）說道。❹「我認為〔谷歌〕的官僚層級已經膨脹到讓我什麼都做不成的地步，」他補充道，對於無法取得資源和數據表示挫折。

　　輝達的第二個十年始於可程式設計的著色器，進展到推出對產業有重大影響的 CUDA 架構，接下來是輝達研究部門在光線追蹤、DLSS 和人工智慧上的突破。這些成就都對輝達的未來發展至關重要。研究團隊目前有三百名研究員，由首席科學家戴利領軍。輝達似乎不僅解決了創新者的困境，還完全克服了這個困境。

第 14 章

大爆炸

　　專業的股票交易員已快要絕種了。過去二十年來，電腦根據企業的財報以及最新經濟數據，不論是回應速度或是操盤績效，都優於人類交易員，導致股市交易員大量消失。

　　康諾斯‧曼圭諾（Connors Manguino）是少數仍看新聞標題和財報訊息進行買賣的交易員之一。憑藉著數十年的經驗和一台彭博（Bloomberg）終端機，仍在每個季度與演算法比拚績效。他的績效夠好，足以在這行成功活下來，並靠此維生。

　　他必須快速反應。按下買入或賣出的按鍵只要稍稍遲個一秒不到，可能意味沒有買賣在最佳價位，以至於造成重大損失。他的朋友經常開玩笑說，曼圭諾有一種非人所及的能力，能在發布重大新聞的關鍵時刻，依舊冷靜專注，不受影響。

　　2023 年 5 月 24 日星期三，他正在等待輝達公布第二季財報展望，預計在市場收盤後發布。這是多年來最受矚目的報告之一，距離股市收盤時間愈來愈近，他發現自己正專注地盯著終端

機。

OpenAI 在 2022 年底推出 ChatGPT，引起媒體廣泛報導。ChatGPT 能夠根據用戶指令寫詩、製作食譜和作詞編曲，讓消費者為之風靡。ChatGPT 成為史上用戶成長速度最快的消費性應用程式，在短短兩個月內，每月的活躍用戶就突破一億。突然間，企業開始嘗試運用 AI 宣稱的諸多好處——速度、算力、尤其最重要的是，處理和生成自然語言的能力。

曼圭諾知道輝達處於搶搭人工智慧熱潮的最佳位置。問題是，這股熱潮的規模會多大？以及這股熱潮會對輝達造成多大的影響？該公司的 GPU 在學術界享有盛名，這主要歸功於柯爾克努力與頂尖大學建立關係。黃仁勳花了十年時間，努力將輝達從一家圖形顯示卡公司轉型為人工智慧公司，他在這方面取得了一些進展，Meta 和抖音（TikTok）使用輝達的 GPU 提升演算法的效能，更有效地推送影片和廣告給用戶。但 AI 並非輝達獲利的主要來源。在該公司截至 2023 年 1 月的 2023 年會計年度，包括 AI GPU 在內的數據中心，收入約占整體營收的 55%。但這個數字之所以看起來偏高，主要是公司的遊戲顯示卡營收下降了25%，因後疫情時代整體遊戲需求放緩所致。

然後一切都變了。下午四點股市收盤，過了二十一分鐘，曼圭諾看見終端機螢幕上彈出頭條新聞。

　　　輝達預測第二季營收為 110 億美元（正負 2% 之間），遠優於華爾街預估的 71.8 億美元。

　　對於經驗豐富的交易員來說，這份財報太驚人了。輝達第二季的營收展望遠超出華爾街預估的 71.8 億美元，差額大約 40 億美元。當曼圭諾讀到本季度營收和下一季財測目標時，他愣住了，「差距 40 億美元？這怎麼可能？」他心想：「我的老天爺，這成長幅度太驚人了！」

　　當他回過神的時候，已經來不及利用公布營收與市場反應之間的時間差。輝達的股價在盤後交易立刻飆升了兩位數。為了安慰自己，他買了 AMD 的股票──輝達的主要 GPU 競爭對手，希望輝達股票的漲幅也能拉抬其他競爭對手的股價。在這個例子中，演算法打敗了曼圭諾；它們不同於曼圭諾，面對史上最佳財報時，會毫不猶豫做出反應。

　　其他華爾街分析師也有類似反應。聯博集團（Bernstein）分析師史戴西・拉斯岡（Stacy Rasgon）將他的報告取名為〈大爆炸〉（The Big Bang）。

　　他寫道：「我們從事這項工作超過十五年，從未見過像輝達這次發布的財務展望。」他接著說，輝達的前景「從各方面來看，無疑是宇宙級別」。摩根士丹利分析師約瑟夫・摩爾（Joseph Moore）的財報指出，「輝達交出半導體史上最大增幅的營收展望。」前富達（Fidelity）明星基金經理蓋文・貝克（Gavin Baker）目前擁有自己的科技避險基金，管理數十億美元資金，他將輝達的財測展望與科技產業史上其他具有里程碑意義的財報做了比較。在 2004 年谷歌上市後首次公布財務報告時，他在現場，結果營收和獲利在上市後一個季度就翻了一番。❶ 2013 年，臉書（Facebook）在該年第二季財報時他也在，當時該

公司首次證明其廣告業務能成功轉移到行動市場，營收比華爾街的預估值高出 2 億美元。❷輝達的財務展望優於這兩家。他說：「我從未見過超出預期的幅度竟大到這樣的規模。」

翌日，輝達股價飆升 24%，市值增加了 1,840 億美元，光是這增值就超過英特爾總市值，也是美國上市公司有史以來最大的單日漲幅之一。

黃仁勳充分利用了這個關注點，進一步推進目前有利的局勢，在接下來的一週，當他出席台北國際電腦展（Computex）並發表主題演講時，宣布輝達將推出全新的 AI 超級電腦 DGX GH200，裡面搭載了 256 個 GPU，數量是之前型號（只有 8 個 GPU）的 32 倍。這代表生成式 AI 應用軟體的算力將大幅提升，讓開發人員能為人工智慧聊天機器人建立更優質（自然）的語言模型、創造更複雜的推薦演算法，以及開發更有效的詐欺偵測與數據分析工具。

但他要傳遞的訊息非常簡單，即使是沒有技術背景的觀眾也能理解。輝達每個 GPU 售價更低，但提供更強大的算力。他在演講中不斷強調這一點，並在展示技術規格時反覆強調這一點：「買愈多，省愈多。」

更廣泛來說，輝達的銷售人員可以向客戶強調，他們必須積極投資生成式 AI，否則將面臨被競爭對手超前的生存威脅，進而刺激客戶對輝達產品的強烈需求。黃仁勳將 AI 稱為「通用函式逼近器」（universal function approximator），能夠以合理的精度預測未來。這不僅適用於電腦視覺、語音辨識和推薦系統等「高科技」領域，也適用於糾正文法或分析財務數據等「低科技」任

務。他相信，最終這將適用於「幾乎所有有結構的東西」。

當然，使用這種通用函式逼近器的最佳管道是輝達的產品與技術。在接下來的四個季度，輝達交出了科技界史上最匪夷所思的營收成長率。在 2024 財會年度的第一季，數據中心業務較去年同期暴增 427%，達 226 億美元，主要是受到人工智慧晶片需求強勁驅動。輝達正在生產和出貨複雜的高端 AI 產品與系統，其中一些產品和系統配置多達 3.5 萬個組件，這和軟體很不同，因為軟體易於擴展，且基本上不需要額外的成本。對輝達這樣規模的科技公司而言，這種程度的硬體成長率前所未見。

對於公司外部的人來說，輝達的迅速崛起似乎是個奇蹟。然而，公司內部的人（例如費雪）認為這是自然的演變。輝達成功並不靠運氣；它能夠提前幾年預見到需求的浪潮，並為這一刻做好準備。它協助代工夥伴──富士康、緯創、台積電等擴大產能。輝達向這些合作夥伴派出所謂的「飛虎隊」，盡其所能幫助他們提高效率：飛虎隊會購買設備、擴建廠房、推動自動化測試以及採購先進的晶片封裝技術。

為了符合黃仁勳「粗略的公平」的管理哲學，輝達所做的這一切並不只是為了提升合作夥伴目前的產能效率。它希望能更快速地推出新的晶片，計畫每年都推出新款 AI 晶片。在 1990 年代，輝達每六個月就會推出新款顯示卡，加快產品發布週期。現在，它也想為 AI 晶片做同樣的事。輝達財務長科雷特・柯雷斯（Colette Kress）表示，「AI 的規模愈大，需要的解決方案就愈多，我們就能愈快達到這些目標和期望。」❸

一般而言，硬體製造商在每個生產週期中，在各個階段之間

平均間隔十四至十八週，亦即在各個階段之間預留緩衝時間，以免上游問題影響下游後續流程。這可能會讓機器、材料和零件閒置數天。輝達的團隊想出如何在製程初期階段增加品質控制，降低發生不可預見問題的風險，並消除對緩衝時間的需求。根據費雪的說法，輝達的做法「沒有魔法」，就是努力工作以及保持毫不鬆懈的效率，這一切都是為了維持競爭優勢。與輝達合作的每個人都必須接受這一點，而不僅僅限於內部員工。❹ 飛虎隊所做的一切都很燒錢，因而會拖累公司的獲利。然而，輝達一直願意運用財務資源，投資對公司非常重要的業務——即使這意味可能影響公司其他的生意。

與其他 AI 晶片製造商相比，輝達具有關鍵優勢。類似蘋果對 iPhone 的做法，輝達也採用「一條龍全覆蓋」模式（full-stack），藉此優化客戶在硬體、軟體和連網等領域的體驗，反觀大部分的競爭對手則只生產晶片。此外，輝達的行動也比競爭對手更快。

例如，現代大型語言模型所採用的核心架構是 Transformer，正是谷歌科學家在 2017 年論文〈注意力就是你所需要的一切〉裡介紹的全新架構。最大的創新亮點是自注意力機制（self-attention），能讓模型判斷句子裡每個單字的重要性程度，並根據上下文計算長距離（相隔較遠單字之間）的依賴關係（關聯性）。自注意力機制能讓 AI 模型專注於更重要的資訊，加快 AI 模型的訓練速度，因此相較於之前的深度學習架構，Transformer 能產生更高品質的結果。

黃仁勳迅速意識到，必須在輝達的 AI 產品中加入支援

Transformer 的功能 。輝達前財務主管西蒙娜・詹科夫斯基記得，就在谷歌科學家發表那篇重要論文後幾個月，黃仁勳在一次季度財報視訊會議上，詳細討論有關 Transformer 的細節。❺ 他指示 GPU 軟體團隊為輝達張量核心開發專用的函式庫，優化其執行 Transformer 的運算效能；這個函式庫後來被稱為 Transformer Engine，❻ 並首次被納入 Hopper 晶片架構裡。輝達在 2010 年代後期開始開發 Hopper 架構，2022 年公開發表，距離 ChatGPT 公開上線僅一個月。根據輝達自己的測試，搭載 Transformer Engine 的 GPU 可以在幾天甚至幾小時內完成超大模型的訓練，反觀如果沒有 Transformer Engine，同樣的模型訓練可能需要數週甚至數月之久。

「Transformer 不容小覷，」黃仁勳在 2023 年說道。「能夠從空間數據和序列數據中辨識模式和關係，一定是非常有效的架構，對吧？因此，我認為根據 Transformer 的第一性原理，我們可以認定它將會是非常非常不得了的技術。不僅如此，你還可以利用平行運算訓練它，並真正地擴大這個模型的規模。」❼

在 2023 年，對生成式人工智慧的需求激增，輝達是唯一一家準備好完全支援 AI 的硬體製造商。它之所以能準備就緒，是因為能及早發現市場需求的訊號，然後藉由提高硬體和軟體運算功能的方式，將需求轉化為具體的產品，並將這些功能納入距離上市僅有幾個月的晶片產品線。輝達驚人的反應速度顯示，即使其他大型科技公司，例如微軟、亞馬遜、谷歌、英特爾和 AMD 等都在開發自己的 AI 晶片，但輝達很難被取代。輝達在邁入第四個十年時，證明自己仍能超越競爭對手。

　　它的第二個優勢是定價能力，但較少人知道這點。輝達不願意打造容易受供需影響的大宗商品類產品（commodity products），因為這類產品容易隨著競爭加劇而被迫調降價格。所以輝達從一開始，定價就只朝著相反的方向走：上漲。

　　「黃仁勳總是說，我們應該做別人做不到的事。我們需要為市場創造獨特的價值，他覺得只有做最尖端、最具革命性的產品，才能讓公司吸引到優秀人才，」輝達高階主管普利說道。「我們沒有只追求市占率的文化。我們更願意創造市場。」❽

　　另一位輝達前高管回憶道，如果有其他公司嘗試與黃仁勳協商價格，他會很不高興。當合約談判接近尾聲時，潛在客戶總是想與他見面，「我們總是會盡量提醒客戶，」這位前輝達高管說道：「不要講價。我們是來成交的。」❾

　　黃仁勳將這心態灌輸到整個公司。前行銷總監麥可·原記得曾與黃仁勳討論如何為輝達最早的產品定價。當他離開 S3 加入輝達時，習慣了依市場供需替商品定價的策略；當時，S3 推出領先市場的 3D 顯示卡，售價是 5 美元（經通膨調整，約合目前的 11 美元）。1997 年 RIVA 128 上市時，原擔心如果定價過高，買家會縮手，他認為定價最多 10 美元。黃仁勳說：「不，我覺得太便宜了。還是 15 美元吧。」這張顯示卡就以這個價格銷售一空。次年推出的 RIVA 128ZX 改良版，售價為 32 美元。1999 年推出新一代 GeForce 256，售價則為 65 美元。

　　黃仁勳清楚知道，購買輝達顯示卡的遊戲玩家願意花錢買高效能。他說：「只要玩家看到螢幕上的畫面與之前截然不同，他們就會掏腰包。」自那一刻起，原就把這個教訓銘記在心。當他

從行銷部門轉到投資人關係部門時，向輝達的投資人提出同樣的觀點——輝達將是獨一無二的半導體公司，產品的 ASP（平均售價）將會上漲。他說：「我們將是唯一一家平均售價會隨著時間上漲的公司，而其他公司的平均售價都會下跌。」

原因在於 3D 電腦影像的運算是極其複雜的問題，因此會刺激廠商競相製造更好的硬體。硬體永遠不會強大到足以完全反映現實。儘管如此，當你購買最新款 3D 顯示卡時，可以清楚看到性能比上一代進步——光照看起來更自然、紋理看起來更逼真、物件移動更流暢。

類似 3D 顯示卡的動態問題也出現在深度學習和人工智慧上。輝達目前最新的硬體和技術讓 AI 模型的規模和能力在短短幾年呈指數級成長。不過由於 AI 能解決的問題愈來愈複雜，因此市場對 AI 算力的需求成長更快速。由於底層硬體與軟體會隨著 AI 模型的進步跟著改善，因此每一代的 AI 模型，在代與代之間，性能會飛躍式提升。然而即便如此，真正通用的人工智慧仍遙不可及：仍需業者大量的努力與精進。輝達透過持續在技術上保持領先，以及精心選擇能展現自己優勢的高可見度領域（如遊戲、AI 領域等，這些領域對性能提升要求必須立竿見影），得以提高其定價能力和產品的平均售價。

今天，輝達每片顯示卡的價格超過 2,000 美元。而這還是消費者等級的價格。過去十年，輝達開始提供配備八顆 GPU 的 AI 伺服器系統，每套系統的價格高達數十萬美元。沃克曾使用較便宜的 GeForce 系列，執行他的分子動力學軟體 AMBER，並成功提高運算速度，形同與輝達正面交鋒（請參考第 8 章）。他記得

當時一台配備輝達頂級 GPU 的伺服器，價格與一輛二手小型車
（如本田 Civic）不相上下。而現在，一台類似的伺服器可能要
高達一棟房子的天價。

他說：「當輝達公布 DGX-1 的售價為 14.9 萬美元時，我就
在台下觀眾席。」DGX-1 是第一台採用張量核心和 Transformer
Engine 的伺服器，專門用於 AI 研究。他說：「觀眾席發出一陣
驚嘆聲。我簡直不敢相信自己的耳朵。」❿

而這還不是輝達最貴的產品。輝達最新的整櫃伺服器系統
Blackwell GB200 系列，是專門設計用來訓練「兆個參數」的 AI
模型。它搭載 72 個 GPU，售價高達 200 萬至 300 萬美元，是輝
達迄今售價最高的設備。輝達高階產品不僅在漲價，而且還加速
漲價。

下一個焦點：數位生物學

黃仁勳並不具備能夠準確預測 AI 何時會起飛的特殊能力。
事實上，我們可以說，輝達一開始的做法相當謹慎；輝達並沒有
分配太多人力或資源到 AI 領域，然而當黃仁勳看到明顯訊號，
顯示 AI 的可能性之後，他的行動速度以及追求目標的決心，讓
競爭對手望塵莫及。

然而，黃仁勳很早就知道他最終想要達到的目標。想想里
德・哈斯廷斯（Reed Hastings）與網飛（Netflix）的成就。哈斯廷
斯知道總有一天全世界都會改用網際網路串流視訊服務，儘管無
法精準知道這現象何時會發生，但他直覺認為這將會成為最終的

解決方案。身為網飛執行長，他專注管理郵寄 DVD 到府服務的業務，直到科技進步到足以實現影音串流服務時，決定強力推動公司轉型為影音串流服務公司。

黃仁勳在人工智慧領域做了類似的事情，在此之前的電玩領域，他也做了同樣的事情。1990 年代初期，他深信電玩將會是一個龐大的市場。「我們是在電玩世代長大的，」他說。❶❶「電玩和電腦遊戲的娛樂價值，對我來說非常明顯。」他相信 PC 遊戲市場很快會出現爆炸性成長，可能在五年、十年或十五年內。他的預測在 1997 年 GLQuake 公開上市時，得到印證。

黃仁勳一直努力尋找下一個明星商品，以及輝達該做什麼讓自己做好準備，然後從中獲利。2023 年初，有學生請他預測人工智慧之後會有什麼新趨勢，以及如何在人工智慧的基礎上進一步發展，他說：「毫無疑問，數位生物學是下一個焦點。」❶❷

黃仁勳解釋，雖然生物學是最複雜的系統之一，但當今是有史以來第一次可以用數位方式進行研究。有了人工智慧模型，相較於之前，科學家現在可以更深入地為生物系統的結構建構模型。他們可以學習蛋白質如何相互作用以及與環境的關聯性，並利用先進運算設備釋放出來的龐大算力進行電腦輔助藥物研究與發現。他說：「我可以非常自豪地說，輝達是這一切的中心。我們讓一些突破得以發生。這些將造成深遠的影響。」

黃仁勳認為今日的數位生物學與輝達發跡史的每一個重要里程碑都有相似之處。當他與夥伴共同創辦輝達時，電腦輔助半導體設計剛剛開始萌芽。他說：「電腦輔助設計半導體結合了演算法、足夠快的電腦以及專業知識。」❶❸當這三個因素達到一定的

發展階段，半導體產業便能設計出更大、更複雜的晶片，因為工程師現在可以使用軟體中更高層次的抽象概念設計和模擬晶片，無需實際動手布置每個訊號電晶體的位置。同樣的三個因素組合，也就是戴利所說的「燃料與空氣的組合」，讓輝達在 2000年代初期發明了 GPU，並在 2010 年代後期主導 AI 領域。

　　輝達全球醫療業務副總裁鮑爾說過，電腦輔助藥物發現（CADD）對藥物設計的影響，一如電腦輔助設計（CAD）和電子設計自動化（EDA）對晶片設計的影響。生技公司在開發或發現治療疾病的新藥時，將獲得更一致的結果也更有效率，甚至可以為個別病患的需求客製化藥物。她說，這將「超越發現的層次，進化為設計，幫助創造條件，讓這個產業不再是『不成功，便成仁』」。❹

　　Generate:Biomedicines 是一家新創公司，使用 AI 技術以及輝達 GPU 開發新的分子結構和蛋白質藥物，它們都是自然界不存在或是並非透過自然過程形成的產物。這家生技公司利用機器學習演算法研究了數百萬種蛋白質，希望更深入理解自然界運作的全貌，然後再根據理解的「全貌」研製新藥。該公司的共同創辦人兼技術長喬沃格・葛瑞格里安（Gevorg Grigoryan）曾在達特茅斯學院（Dartmouth College）擔任教授，研究蛋白質的統計模式，並嘗試運用運算力設計和模擬蛋白質。

　　他說：「使用非常簡單的統計方法，我發現數據中的模式具有普遍性。我們找到了可以超越數據集的原則。很明顯，下一步就是使用人工智慧、機器學習和大規模數據生成。」❺ 他在學術界無法做到這一點，因為購買所需的算力設備超出他所在機構

的能力範圍。他看到用這種方式建構新型分子的商業潛力，不久後，Generate:Biomedicines 公司誕生。

從 2000 年代初期開始，葛瑞格里安發現，許多執行分子動力學模擬的科學家購買輝達遊戲顯示卡 GPU，並用它們執行非圖形運算。他很欣賞輝達滿足研究界的需求以及與研究圈合作的意願，儘管這些顯示卡產品原本是針對遊戲玩家開發的。他說：「那真的是輝達與分子科學之間美好結合的開始。」

當他自己開始使用機器學習時，自然而然地選擇 PyTorch 架構，這是 Meta 在 2016 年創建的機器學習函式庫，免費且開放原始碼，現在交給 Linux 基金會管理。葛瑞格里安說：「PyTorch 是一個非常成熟的架構，擁有龐大的社群，並得到輝達大力支援。我們甚至不需要選擇使用哪一種 GPU。PyTorch 與 CUDA 配合得很好，而 CUDA 是輝達的結晶，因此我們總是理所當然地選用輝達的硬體，幾乎不需要考慮太多。」

結構預測和蛋白質設計曾經被認為是不可能克服的挑戰，現在都可以迎刃而解。葛瑞格里安解釋，蛋白質的複雜性及其可能的狀態數量，超過宇宙中原子的數量。他說：「這些數字對於任何運算工具來說都是極大的挑戰。」但他相信技藝精湛的蛋白質生物物理學家可以透過分析某個分子結構，並推斷它潛在的功能，這顯示自然界可能存在可學習的通用原則──而這正是人工智慧等「通用預測引擎」應該能夠勝任的工作。

Generate:Biomedicines 公司已將人工智慧應用在分析和繪製細胞層面的分子結構，葛瑞格里安認為有可能將相同的技術擴展至整個人體。模擬人體的反應更加複雜，但葛瑞格里安相信這是可

能的。他說：「一旦你看到它發揮作用，很難想像它不會繼續發展下去。」顯示他對人工智慧的影響力深具信心。

雖然這聽起來像是科幻小說，但葛瑞格里安和團隊已著手建立生成式模型，優化細胞內分子的功能。他們的終極夢想是讓藥物研製簡化為軟體的問題（工作），人工智慧模型可以接受一種疾病（包括某種癌症）作為輸入，然後軟體自動生成一種分子治療這種疾病。他說：「這並非完全瘋狂的想法，我認為甚至可能在我們有生之年就能看到這樣的影響。科學總是會讓我們驚喜，但天啊，活在這時代實在太棒了，對吧？」

AI 規模定律

在企業內部，有大量的數據仍未被人工智慧觸及或結構化：電子郵件、備忘錄、內部專屬文件和簡報文稿。由於 ChatGPT 等聊天機器人已將消費者在網際網路的資訊和數據挖到幾近枯竭，下一個重要機會在企業內部，客製化的 AI 模型可讓員工存取目前散落在公司內部的知識與資源。

黃仁勳表示，人工智慧將徹底改變員工與資訊互動和工作的方式。傳統 IT 系統依賴靜態檔案存取系統，需要針對特定的儲存設備，輸入明確的檢索語句或格式。由於檢索格式不夠靈活、缺乏彈性，導致指令往往無法正常運作。

目前的 AI 模型可以透過上下文理解檢索或搜尋請求，而且因為它們已可掌握自然會話語言，這是一項重大突破。黃仁勳表示：「生成式 AI 的核心是讓軟體能夠理解數據的意義。」[16] 他認

為，各大企業將「向量化」（vectorize）他們的數據庫、建立索引和捕捉訊息的表徵（representation），並將數據庫連接到大型語言模型，讓用戶能夠「與企業的數據對話」。

這個應用實例對我來說很有意義。我大學畢業後的第一份工作是在管理顧問公司上班。這份工作最糟糕的部分就是手動搜索伺服器上的文件目錄，從 PowerPoint 或 Word 文件中尋找合作夥伴要的某個多年前的資訊。有時候需要花上幾個小時甚至幾天才能找到。現在，依賴 AI 應用程式（如輝達的 ChatRTX）支援的大型語言模型，用戶可從電腦上的私人檔案中即時獲得與上下文相關的答案。它可大幅提高工作效率。原本需要花費大量時間的乏味、重複性工作，現在只需要幾秒鐘，讓員工有更多餘裕處理更重要、更高層次的工作。員工將擁有一位虛擬助理，就像一位擁有近乎完美記憶力的傑出實習生，能夠立即回想起任何儲存在電腦和網際網路上的資訊。這些模型不再只是進行簡單的文件檢索，而是能夠從內部資料庫中形成更具智慧的洞見。

高盛（Goldman Sachs）在 2023 年底的一份報告中預測，未來十年內，靠人工智慧之助，各行各業降低成本的總額可能超過 3 兆美元。輝達的管理階層曾多次表示，過去數年，全球對數據中心電腦基礎設施的投資總額已達 1 兆美元，目前的電腦都是由傳統 CPU 伺服器提供算力，但最終將過渡至 GPU，始能進行 AI 所需的平行運算。這個過渡代表輝達的金礦。在 2024 年年中，摩根大通（J. P. Morgan）公布了一份針對 166 位資訊長所做的調查報告，他們負責每年 1,230 億美元的企業科技支出。報告顯示，這些資訊長計畫在未來三年，提高 AI 運算所需的硬體支

出，每年增幅達 40% 以上，將它在 IT 總預算的占比從 5% 增至
2027 年的 14% 或以上。此外，三分之一受訪的資訊長表示，為
了支持新的 AI 投資，他們將刪減其他 IT 專案的資金。預計減資
的三大類別分別是舊系統升級、基礎設施和內部應用程式開發。

黃仁勳相信，增加人工智慧的支出，受益的不僅是高階主管
和投資人。2024 年，黃仁勳在奧勒岡州立大學的一場活動上表
示，「我相信 AI 是科技產業對社會提升的最大貢獻，它能幫助
所有歷來被甩在後面的人迎頭趕上。」❶他鮮少提及社會議題，
但輝達的規模和影響力讓他幾乎不可避免地發表這樣的看法。

唯一可能阻礙輝達發展的因素是所謂的 AI 規模定律（scaling
laws）。這定律有三大要素：模型大小、算力和數據。大型科技
公司和新創企業相信 AI 模型的運算能力在短期內會持續提升，
並會積極增加對人工智慧基礎設施的支出，直到 2025 年。然
而，隨著公司不斷擴大模型的規模、添購更多的輝達 GPU 提高
算力，以及納入更大的數據集，他們最終究會遇到收益遞減的
問題。影響所及，將導致對輝達的需求出現疲軟，因為輝達來自
數據中心的收入多半都與模型訓練有關。在 2024 年初，輝達表
示，數據中心專用的 GPU 約有 60% 用於訓練 AI 模型，而另外
40% 數據中心專用的 GPU 用於推理（inferencing），亦即利用 AI
模型生成答案的過程。

沒人知道這種 AI 放緩會在何時發生，是在 2026 年？ 2028
年？還是五年之後？但歷史顯示，輝達會做好因應挑戰的準備。
無論下一個運算大趨勢是什麼，輝達都將整裝待發。

結語

輝達之道

　　即使已掌舵輝達三十一年，黃仁勳還是拒絕在自己獨立的辦公室上班。他偏好待在輝達總部奮進者號大樓內的「大都會」（Metropolis）會議室，主持小組會議一整天。如果會議規模較小，他會改到名為「心靈相通」（Mind Meld）的五人會議室。心靈相通是《星艦迷航記》裡瓦肯人特有的能力，能透過心電感應與其他生物的心思相通。這是非常貼切（甚至過於精準）的隱喻，畢竟在他領導下，輝達彷彿延伸了他強大的智慧，並能與他「心靈相通」。

　　黃仁勳是技術型的創辦人與執行長，這也是輝達相較於其他競爭對手的優勢之一。但是，如果說他只是技術專家，那就低估了他在延攬和培養適合輝達文化人才的能力。他讓員工在個別專案上擁有高度自主性，但前提是這些專案必須與公司的核心目標完全一致。為了減少模稜兩可的情況，黃仁勳花很多時間與員工溝通，確保公司每個人都清楚知道公司的整體策略和願景。他提供的資訊能見度之高，是在大多數公司只限在高層主管流通分享的程度。

　　一位曾在一家大型軟體公司任職的資深高管表示，他始終

對一件事印象深刻，那就是與輝達多位不同的員工交談，而他們從未相互矛盾。上層傳達的訊息一致，輝達員工接收到這些訊息後，都能領會，融入到自己的想法裡。這位高管表示，這現象與他合作過的其他公司形成鮮明對比，因為這些公司的代表有時會在客戶面前公然爭執不下。

黃仁勳說：「歸根結蒂，高階主管團隊是我必須知道如何合作的對象。公司的組織就像一輛賽車，執行長必須知道如何駕駛它。」

延攬生力軍是輝達之道的第一要件。創投公司 Y Combinator 的共同創辦人保羅・葛蘭姆（Paul Graham）曾在雅虎（Yahoo）工作，他注意到當雅虎在爭取最佳工程師的戰役中不敵谷歌和微軟後，立刻開始走向平庸。他寫道：「優秀的程式設計師希望與其他優秀的程式設計師合作。因此，一旦公司的程式設計師水準開始下降，你就會掉入一個無法逆轉的死亡螺旋。在科技界，一旦程式設計師的能力不佳，你的公司就注定完蛋。」❶

很多時候，這些人才會先投履歷到輝達。或者，輝達主動出擊，向最優秀的人才招手：超過三分之一的新進員工是由在職員工推薦。❷

當輝達看到可從競爭對手挖角人才的機會，會立刻採取積極行動。Creative Labs 的前技術長廖霍克（Hock Leow，音譯）親眼目睹了輝達的做法。在 2002 年，Creative Labs 收購了一家名為 3Dlabs 的公司，該公司在阿拉巴馬州亨茨維爾市（Huntsville）設有圖形晶片工程師部門，三年後，Creative 宣布關閉 3Dlabs 和亨茨維爾分部。

　　獲悉消息後，英特爾迅速採取搶人行動，一開始比輝達還要快，試圖網羅亨茨維爾的 3Dlabs 員工。但它提出的條件是員工必須調派到英特爾在其他州的辦公地點，也就是遠離阿拉巴馬州。許多員工不願意家人跟著離鄉背井或搬到物價較高的地方。

　　黃仁勳一得知英特爾有意招攬 3Dlabs 員工，立即派出他的高階主管向 3Dlabs 團隊釋出不包括搬遷要求的跳槽條件。事實上，他指示高管在亨茨維爾成立一個新辦公室，容納新進員工。廖霍克說：「輝達的行動非常迅速，他們積極累積人才和技術資產，藉此保持領先。執行和決策的速度是輝達的註冊商標。」輝達至今仍維持在亨茨維爾的辦公室。

　　前輝達高階主管班·德瓦爾（Ben de Waal）憶起自己類似的經歷。在 2005 年，他和上司、軟體工程主管德懷特·狄爾克斯，前往印度浦那（Pune）評估一樁潛在收購案：一間約有五十人規模的視訊編碼器軟體公司。當他們抵達時，發現公司老闆將員工聚集在飯店的宴會廳，並宣布解散公司。該公司因為稅務問題，陷入財務困境。德瓦爾說道：「當時氣氛沉重，大家心情很難過，忍不住哭了。他們為這家公司付出心血。我心想我們為什麼會在那裡。」❸

　　狄爾克斯知道，如果空手而回，將會錯失一次難得的機會。輝達需要更大的軟體團隊支援新的專案，而這些員工都很優秀。那一年，他到印度考察了九次，並認定這家公司極具潛力，是最佳選擇。

　　他有一個想法：為什麼不直接聘請員工？何需花大錢收購公司？他向黃仁勳提出這個建議，黃仁勳當即點頭贊成。狄爾克斯

說：「我們將出差從收購之旅轉變為雇用之旅。整晚待在破舊旅館的商務中心，列印約五十份聘用合約。在印度，這可比美國標準的聘用合約還要複雜。」❹

第一天結束時，五十四名員工中有五十一人接受輝達聘用。他們成為輝達在浦那新辦公室的核心幹部，該辦公室後來發展成一個重要的工程部門，員工人數超過 1,400 人。

「公司一直需要最好的人才，」狄爾克斯接著補充道，輝達認為成批招聘人才是一種策略。

輝達偶爾也會用最直接的方式挖角。高階主管會毫不猶豫地告訴其他公司頂尖的技術架構師，繼續待在現職，遲早會是輸家，所以不如加入贏家行列。在 1997 年的一次大會上，輝達向 Rendition 的首席架構師華特・唐納文展示 RIVA 128 晶片，接著他就跳槽加入輝達。

柯爾克說：「華特是第一位來自對手公司的首席架構師，他希望加入輝達團隊，不希望與我們競爭，這給了我靈感，心想如果我們從其他公司挖角最優秀的人才，我們可以做得更多、更好。」❺

輝達的前首席科學家柯爾克特別擅長挖角。他會四處打聽，找出某某公司的關鍵員工是誰，然後打電話給那個人。「嗨，你生活還好嗎？工作怎麼樣？我聽過你的大名，很敬重你，」他憶及自己如何和目標人選寒暄。「你們一直在做一些很棒的產品。你們有多少架構師在研究這些產品？」

通常，每家公司有一到兩位架構師。這是標準的做法，從某個層面看也算合理：一個架構師通常負責一整個晶片系列，而

大多數公司同一時間只會生產少數幾種晶片。但輝達不是這樣。柯爾克解釋說，輝達有二十位架構師，每個人都在進行突破性專案，並能擁有他們所需的所有資源。柯爾克會對電話另一端的對象說：「也許你想進來和我們一起做這個專案，這真的會很有趣，而且我們可能會一起賺很多錢，而不是你自己孤軍奮戰，那可能就沒那麼好玩了。」

過了幾年，輝達員工對於公司能夠成功挖角並留住這麼多傑出的架構師，感到嘖嘖稱奇，畢竟這些優秀人才的自我意識強烈，不容易被約束。不過由於輝達的晶片愈來愈複雜，需要大量的高階晶片設計師，所以每個架構師都肩負重責，不會有人無事可做。柯爾克會慎重物色人選，他偏好網羅技能能夠互補的人，不會隨便找人充數。有些人擔任領導人和經理，有些人則負責特定領域，例如數學和圖形演算法。

柯爾克說：「現在時代不同了，已經不能在信封背面畫個圖，就能讓幾個工程師一起設計晶片了。」

輝達不遺餘力引進技能互補的人才，最有名的例子是從視算科技公司挖來約翰・蒙特拉姆，他開發了 SGI 的高階 RealityEngine 3D 圖形硬體。他與幾個月前才加入公司的唐納文共事。柯爾克說，蒙特拉姆在整體系統架構方面很有天分，他能看到各個組件如何相互配合，而唐納文則是圖形紋理和紋理過濾（texture filtering）方面的專家，據一位輝達員工說，他是「我們畫素品質的大神」。這兩人都在輝達工作了數十年。

柯爾克說：「我們打造全明星級的架構師團隊，其他公司高管對我們挖走他們的優秀人才，滿不爽的。」

　　狄爾克斯在 1994 年加入輝達，這個核心人物證明黃仁勳對於重要但難以招攬的人才有多麼執著。跳槽輝達之前，狄爾克斯曾在圖形新創公司 Pellucid 任職，後來該公司被 Media Vision 收購，沒多久 Media Vision 被控涉嫌財務造假。他在 Pellucid 有個同事史考特・塞勒斯，曾與黃仁勳談過加入輝達一事，但沒談成，後來改與他人共同創辦 3dfx。不過面試期間，塞勒斯被問到 Pellucid 有哪些優秀人才，他提及軟體團隊裡有兩位成員——狄爾克斯和他的直屬上司都很出色。黃仁勳在心中默默記下。

　　後來，黃仁勳打電話給狄爾克斯的上司，跟對方說：「我聽說你是矽谷最聰明的人之一，你應該來跟我們談談。」狄爾克斯的上司同意到輝達談談，接著就跳槽到輝達。

　　過沒多久，狄爾克斯也決定離開原職，因為 Media Vision 的情況愈來愈糟。他的前上司聯絡到他，推薦他去見黃仁勳。與狄爾克斯談過之後，黃仁勳顯然對他留下深刻印象。他對狄爾克斯的前上司說：「德懷特是一位戰士，如果我派你和德懷特去越南打仗，他會不離不棄一路把你扛回來。」

　　狄爾克斯非常興奮。第二天便遞出辭呈，並告訴 Pellucid 的最高主管他要去輝達。那位主管勃然大怒。

　　他吼道：「你不能去那裡，我要控告你和輝達，你再也別想待在矽谷。」他告訴狄爾克斯，法律行動會嚇跑輝達——當時輝達才成立一年，資金有限。

　　當狄爾克斯告訴黃仁勳恐怕會捲入官司戰時，黃仁勳並沒有被嚇到，回說：「放心來吧。」狄爾克斯明白，這才是他想要的老闆類型。他接受輝達的邀約，並在輝達一待就是三十多年。

善待員工

輝達網羅人才的方式只是輝達之道的一環。此外，輝達還重視如何留住人才。黃仁勳採用配股（stock grant）激勵員工的表現，而股票的分配是根據員工對公司的重要性決定。

前人力資源主管約翰・麥索利說：「黃仁勳研究股票就像研究自己的血液，他會細看股票分配報告。」

股份是員工報酬的一部分，這些股份屬於限制性股票單位（RSU）。獲聘在輝達上班後，員工會收到一個證券帳戶，只要工作滿一年，會一次就拿到四分之一的初次股份授予（initial stock grant）；如果可分配到的總股數是 1,000 股，工作滿一年後會收到 250 股 RSU。接下來每季都會收到當年度四分之一的RSU。

為了避免「股權懸崖」（equity cliff），輝達會根據 RSU 股份，每年額外發放股份（refresher）作為獎勵。所謂股權懸崖，是工程師工作滿四年後，限制性股票解鎖，完全歸屬自己，擁有可行權（vest）；四年是科技界通用的標準，一旦 RSU 解鎖，員工擺脫約束，恐會離職，或是賣股。如果員工從經理那裡獲得「表現優異」的評價，該員工可能會被授予額外的 300 股股份，這些股份一樣得滿四年後才可行使處分權。理論上，員工每年都可以獲得這些額外 RSU 獎勵，也讓他們有了更多理由續留在公司。

另一個鼓勵機制是 TC，即「最高貢獻者」（top contributor）。經理可以將員工推薦給高階主管，成為特別考慮的對象。黃仁勳會審核 TC 候選人名單，並發放特殊的一次性股份，這些股份也

會在四年後解鎖。

一旦這樣的股份獎勵獲得批准，員工會收到一封來自高階主管的電子郵件，並寄副本給黃仁勳。郵件主旨寫著「特別獎勵」，批准對你的 RSU 獎勵，「表揚你的卓越貢獻」，並在信裡清楚說明獎勵的理由。

黃仁勳也可以隨時決定分配股份給哪些員工，無需等到年度薪資考核。這讓工作出色的員工覺得自己的努力立刻獲得肯定。這也再一次顯示，黃仁勳對於公司各個層面的關注程度。

前銷售與行銷資深總監克里斯・狄斯金在 2000 年與微軟達成 Xbox 合作關係時發揮關鍵作用，他表示，他加入輝達後幾個月，黃仁勳就將他的 RSU 股份加倍。狄斯金感謝黃仁勳，並進一步爭取更多，他說：「如果你真的對我的表現印象深刻，你應該不只翻倍。」後來他看到帳戶裡的獎勵金時，確實不只翻倍。

輝達根據績效發放股份、適應性強且靈活的給薪哲學發揮重要作用，成功留住員工，所以員工流動率極低。根據 LinkedIn 的資料，在 2024 年財會年度，輝達的員工流動率不到 3%，而該產業的平均流動率是 13%。股票價格不斷上漲，也讓持有未解鎖股票的人更有理由留下。

一位前輝達員工表示，「輝達非常善待員工，不僅在薪資和福利方面，還把員工當作人看待，而不是隨時可替代的工程師。晉升的機會很多」。這位員工還提到，當員工的家屬被診斷罹患癌症時，輝達會彈性讓員工遠距工作；當員工的房子發生火災，輝達會提供慰問金。

他說：「人傾向忠於支持他們的公司。」

另一位資深主管談到他的配偶當年生了重病，他告訴黃仁勳，為了就近照顧家人，他不得不從美西搬到美東。結果黃仁勳告訴他，「別擔心，去吧，當你準備好重返工作崗位，打電話給我。」公司仍保留他的職位並給付薪水，儘管他無法全職上班。

沒有人孤軍奮戰

公司要留住員工，不只靠優渥的薪資，還要靠追求卓越的文化──這是輝達之道的第三要素。沒有員工樂見花了數年心血的產品或技術，結果面臨被結束、擱置或淘汰的命運。在輝達，工程師與擁有深厚技術與經驗的業界翹楚並肩工作，製造可能改造世界的產品。

許多高階主管與工程師選擇長期留在輝達，甚至超過在其他大型科技公司的時間。軟體工程主管狄爾克斯、PC 業務主管費雪和 GPU 架構主管阿本等人，在輝達的資歷將近三十年。鮮少高階主管離職投效競爭對手，或是另起爐灶，成立新創公司（當然，他們可能想到將與輝達競爭而打退堂鼓）。

對於各個階層的員工而言，能專注在追求卓越表現，而非內部權鬥，就足以成為長期效力輝達的充分理由。如果員工更看重爭取職位，而不是努力做出實質貢獻，他們在輝達並不好過。「有些公司會偏好這類人，但輝達不會，」前 GPU 架構師魏立一說。「你可以百分之百專注於技術領域，不用擔心其他的事。」❻

實際上，輝達會積極抵制大多數企業裡有意或無意助長的

「你死我活的競爭文化」。輝達鼓勵員工主動求助——如果他們發現自己難以達成目標或遇到技術上的挑戰。

「如果我們會輸，不會是因為你孤立無援。我們要一起努力，不會讓一個人獨自承擔失敗，」黃仁勳經常這樣勸員工。❼

舉例來說，如果你是負責某區域的銷售主管，發現無法如期達成業績目標時，應該及早通知你的團隊，讓他們協助你。公司的其他資源，從黃仁勳到資深工程人員，都可以成為你請益的對象，一起協助解決問題。

全球現場營運副總裁普利表示，「『沒有人會孤軍奮戰』這句話在銷售團隊裡尤其貼切。」至於他轄下的銷售團隊，他補充說：「相較於競爭對手，我們團隊的規模太小，所以當有重要的事情發生時，我們必須團結一致。」❽

銷售高管梅德羅斯任職於昇陽期間，看到的是另一種文化。昇陽要求他和同儕得自己想辦法解決問題，並且拿出成績證明自己的薪水沒有白拿；尋求幫助會被視為軟弱。

他這樣形容輝達的企業文化，「大聲說出來很重要。如果你有麻煩卻不說，麻煩反而會更多。」❾

傾聽問題、理解問題、回答問題

為了換取支持和高薪，輝達對員工的要求很高。所謂的輝達之道，全力以赴是關鍵。每週工作六十小時是最起碼的要求，即使是初階職位也不例外。在晶片開發的關鍵時期，一週工作時數（尤其是硬體工程師）可能會拉長到八十小時或以上；或是碰

上公司策略突然大轉向，例如轉向人工智慧領域，工作量也會暴增。

資訊透明也是輝達之道的核心。除了標準的匯報管道，輝達員工也和黃仁勳本人有獨立的溝通管道。有時候，溝通的形式是「五要事」電子郵件往返。在其他情況下，可能是在走廊，甚至是在洗手間，不期而遇時抓緊機會諮詢。

在輝達，即使是參加公司活動也無法隱藏自己。前開發人員兼技術工程師楊彼得（Peter Young）在一次迎新派對上第一次被介紹給黃仁勳認識。其實黃仁勳已經知道他是誰。「你是楊彼得，」黃仁勳說。「你曾任職索尼 PlayStation 和 3dfx，來輝達已經一年了。」他對派對上五十位新進員工的履歷，都能像這樣如數家珍。

楊彼得對於黃仁勳這麼了解職等相對低、資歷相對淺的員工感到驚訝。他向經理提及此事，經理答說：「這很正常，他對每個人都這樣。」楊彼得覺得，身為執行長，公司多達數千名員工，但黃仁勳竟能花那麼多時間和精力與每位員工建立連結，這讓他覺得備受鼓舞。❿ 但這也顯示，黃仁勳關注公司每個人的表現，以及了解他們的潛力，期待他們有相應的發揮。

黃仁勳希望員工能不斷擴大公司和他自己的知識庫。他的高階主管笑言，黃仁勳有個習慣，幾十年來都沒變。每次他們當中有人從商展、遊戲活動或到台灣出差歸來，他都會攔下他們，逼問對方：「那麼，你學到了什麼？」

「這點很能反映黃仁勳的特質，他總是好奇地想知道外面發生了什麼事，」費雪說道。「他只是想知道外面世界發生了什

麼，這樣他才能做出更好的決策。」❶

　　當黃仁勳覺得他無法做出最好的決策時，他會沮喪──而在輝達講求透明的文化下，這種情況常會變成眾所周知的事。然而，至少有些員工認為，說黃仁勳是個脾氣急躁的人有失公允。

　　一位員工說：「他確實會發脾氣，但要讓他到那個地步，你必須真的犯了嚴重的錯誤。他想要參與並試著了解你在做什麼。在這個過程中，他會非常直接地提出很多尖銳的問題。如果你還沒準備好接受這種拷問，可能會有點嚇到，但他並無惡意。這都是為了讓我們在向前邁進之前，確保一切嚴密無誤，無懈可擊。」

　　黃仁勳也非常看重時間安排，只對重要的事花時間。Adobe 執行長山塔努‧納拉延（Shantanu Narayen）回憶與黃仁勳共進早餐時的情景，他們就商業議題、創新、策略乃至企業文化，進行了一次深入對談。❷ 席間當納拉延低頭看了看手錶，黃仁勳問他：「你為什麼看錶？」納拉延回道：「黃兄，你不需要行事曆嗎？」黃仁勳說道：「你說什麼呢？我只做我想做的。」納拉延欣然接受這個建議。黃仁勳提醒他，時時刻刻都要專注在最重要的事情上，勿受制於時間表。

　　不過當員工開始喋喋不休，黃仁勳就會說「LUA」，這字的發音類似「魯阿」。輝達高管卡坦札羅解釋，LUA 是黃仁勳耐性即將耗盡的警訊。當他說出這字，是希望員工停下來，然後做三件事：傾聽問題、理解問題、回答問題（Listen to the question. Understand the question. Answer the question，LUA）。

　　卡坦札羅說：「LUA 的意思是提醒大家集中注意力，因為你

正在談論重要的事情，所以你需要專心地做好它。黃仁勳不喜歡員工用抽象的概念或吹噓的方式迴避問題。每個在黃仁勳麾下工作過的人都聽過 LUA。」❸

LUA 也是黃仁勳的口頭禪。為了這本書，我訪談的每個人都提到黃仁勳具備以下過人的能力：傾聽、理解並回答任何有關高階運算的問題。裴恩學（Eunhak Bae，音譯）是輝達的長期投資人，特別看重黃仁勳能「全方位探討每件事，不僅從技術角度，還包括商業觀點。當我想到科技界能真正全面且深具見地剖析問題的執行長時，黃仁勳便脫穎而出」。❹

「如果 NV1 沒有失敗，輝達不會成功。」

黃仁勳肯定是唯一能帶領輝達走到今天的人。他精通技術和商業策略，也了解實際經營一家大企業會面臨的日常挑戰與繁瑣工作。他以身作則，以高標準要求自己，並在問題進一步擴大前及時解決。在他規畫之下，輝達的結構有利於飛躍式進展，而非緩慢漸進式的推進。整個企業以光速運作，如果黃仁勳發現你得過且過，懶散怠慢，他會當著所有人的面指出你的問題。何謂輝達之道？也許最簡要的定義就是黃仁勳之道，或簡單講，就是黃仁勳本人的寫照。

但這也意味著輝達幾乎完全依賴他掌舵；在某種意義上，他是輝達的單點故障（single point of failure），亦即，單點故障，全體故障。撰寫本書時，黃仁勳已六十一歲。很難想像他會像許多美國人一樣在六十五歲退休，但他終究有一天會從輝達退下來，

普里姆、黃仁勳、馬拉科夫斯基三人攝於輝達「奮進者號」總部前。（輝達資料照片）

屆時誰將接替他，站在輝達這個全球最重要電腦硬體公司的核心？誰能像他過去三十一年一樣成功經營輝達呢？

撰寫輝達的歷史時，訝異地發現它曾多次瀕臨失敗，甚至險遭毀滅。如果事情在某些情況下稍有不同的發展，運算領域可能會走上另一條路，我們可能會生活在另一個截然不同的世界。有些輝達的成功純屬機緣巧合。馬拉科夫斯基可能在參加醫學院入學考試之後選擇從醫。他也許會去參加迪吉多的下一輪面試，而不是接受昇陽正式聘雇（雖然他本來只把昇陽的面試當作練習的機會）。普里姆當年也許決定讓 NV1 晶片和市面上其他產品差不多，而且也許還成功了，但這樣輝達就沒有機會從失敗中汲

取教訓，推出拯救公司的 RIVA 128 晶片。普里姆說道：「如果 NV1 沒有失敗，輝達不會成功。」**⓯**

　　但輝達的故事大部分是黃仁勳自己努力的成果。他籌集資金創辦輝達，然後在公司陷入困境，唯有新一輪資金挹注才能脫困時，成功募到新資金。他取得 VGA 授權，獲得 VGA 核心技術的使用權，讓 RIVA 128 晶片能準時上市。在 CUDA 年代，當所有人都希望他為了短期獲利犧牲長期願景的時候，他卻拒絕迎合華爾街投資人。他學會如何為績效和篩選人才設下高標準，並勇於對抗傳統觀念。他的直率和直言省下很多時間，也避免溝通時出現誤解，並在關鍵時刻加快輝達發展步調。他將自己的管理哲學濃縮成幾句常用口號，希望員工能專注於真正重要的事情。諸如「使命就是老闆」、「光速」、「這能有多難呢？」。

　　黃仁勳和他所打造的企業文化，讓輝達從經歷生死關頭，到今天公司員工數量及營收出現爆炸性成長，依然保持內部步調一致。我採訪黃仁勳時，他一再告訴我，輝達的成功與智商和天才沒有太大關係。相反，成功靠的是辛勤工作和堅忍不拔的精神。工作不一定要這麼賣命，但它確實這麼辛苦，而且始終會如此。這份工作要求每個人，包括他自己，具備以下條件：「純粹的意志力」。

　　儘管數百家公司也曾加入競爭行列，但輝達仍是當今唯一一家只生產獨立顯示晶片的公司。黃仁勳則是科技產業中在任時間最長的執行長。

　　有時候，許多鼓勵自我成長的專家和導師會教導我們，如何少事又高薪。但黃仁勳完全是這想法的反面人物，他力主成功沒

有捷徑可言，成功的最佳方式就是選擇更艱難的路。逆境是最好的老師——這點他深有同感。這也是為什麼他至今仍努力不懈地前進，前進的步調會讓大多數人（無論哪個年齡層）感到疲於奔命或筋疲力盡。這也是為什麼他仍能毫不猶豫、不帶任何諷刺、沒有絲毫自我懷疑地說：「我熱愛輝達。」

附錄

黃仁勳管理哲學

- 「該多則多,該少則少」:開會時,只邀請必要、擁有相關知識的員工與會,如果不需要他們出席,避免浪費他們的時間。

- 「頂級的人才,頂級的合作」:該花則花,該省則省。員工的時間和公司資源要花在刀口上。

- 「用人一律用最好的」:雇用聰明能幹的人,他們能解決問題,在面對新挑戰時,能隨機應變。

- 「批評是禮物」:直接的回饋能讓人持續進步。

- 「不要擔心分數,要擔心的是在場上的表現」:不要因為股價波動而分心。專心手邊的工作,交出優異的表現並創造價值。

- 「成功的跡象」:需要有證據顯示一個新專案開始受到矚目。

- 「猶如掃地，不放過任何一個角落」（floor sweeping）和「整頭牛出貨」（ship the whole cow）：設計晶片時，要保留冗餘性（redundancy，重複的功能或組件），這樣即使該晶片在製造過程中出現小瑕疵，仍能以次級品出售，而非直接報廢，進而減少浪費。

- 「磨劍」：激烈的辯論往往能迸出絕佳想法。

- 「這能有多難呢？」：反覆替自己打氣的一句話，以免因工作負荷過大而感到不知所措。

- 「理智的誠實」：說實話、承認失敗、不氣餒願意繼續前進、並從過去的錯誤中學習。

- 「如果你觀測它（收集數據），你就能改善它，但你必須慎選觀測的對象！」：不要追蹤錯誤的指標。要以數據為依據。

- 「這是世界級嗎？」：輝達的產品、人才網羅、營運方式必須以業界最佳標準為依據。

- 「讓我們回到核心原則（第一性原理）」：從零開始，用全新角度解決問題，不拘泥於過去處理問題的方式。

- 「LUA（魯阿）」：傾聽問題、理解問題、回答問題。該警訊代表黃仁勳對於冗長迂迴的回應已感到不耐煩。

- 「使命才是老闆」：所有決策說到底都是為了服務客戶，而非為了內部權鬥。

- 「不會讓你一個人獨自承擔失敗」：如果你進度落後，應及時通知團隊，以便他們能夠幫忙。

- 「輝達有執行力」：輝達以優異的技術和執行力脫穎而出。

- 「機長」：黃仁勳指定的重要專案負責人，可優先獲得全公司的支援。

- 「第二名等於是頭號輸家」：目標和期望是每次都要贏。

- 「小步伐，大視野」：優先處理可行的項目，並盡全力完成最重要的第一步。

- 「光速」：努力將效能提升到物理定律可允許的絕對極限，而非只是與之前的成果做比較。

- 「所謂策略，是選擇要放棄哪些東西」：篩選出最重要的

東西，然後專心把它做好，其他的先擱置在一邊。

- 「我們不瓜分市占率，我們創造市場」：輝達希望成為新領域的市場領導品牌，不去搶占現有的市場。

- 「你必須相信你該相信的」：如果你相信某件事，就去投資，去實踐，盡全力完成它。

- 「你的強項就是你的弱點」：過於仁慈和圓融會妨礙進步。

謝詞

　　這本書緣於一封冷冰冰的電子郵件。2023 年 5 月 10 日，我收到一封電子郵件，來自編輯 Dan Gerstle，郵件主旨是：「你好，來自 W. W. 諾頓的問候，一本關於輝達的書？」他是透過合作過的一位作者（馬修・鮑爾，謝謝你嘍）建議而聯繫上我，認為我可以寫一本關於輝達的書。

　　我想市面上一定有好幾本關於輝達的書，因為其他大型科技公司至少都有五、六本這樣的書籍在市面流通，但找來找去，一本輝達的書也沒有。就在那一刻，我意識到自己想寫這本書。

　　接下來，我的生活以快轉鍵前進。我和 Dan 約在曼哈頓的 Bryant Park Café 見面。結束時，他說我需要一個經紀人。在朋友推薦下，我約了 Pilar Queen，她同意做我的經紀人。距離收到第一封電子郵件大約一個月，我成功簽下這本書的出版合約。

　　過去的一年彷彿旋風式快轉。我很感謝 Dan 和 Pilar 願意冒險支持我這麼一個新人，並提供我寶貴的建議和指導。我也要感謝自由編輯 Darryl Campbell，他不辭辛勞編輯初稿，並提供很棒的回饋意見。

　　此外，我要感謝黃仁勳。儘管輝達一開始對於是否要和我

合作這本書持保留態度,也許是因為我過去曾對輝達做了一些負面報導,但黃仁勳從來沒有勸阻消息來源接受我的訪談。我也要感謝普里姆和馬拉科夫斯基的貢獻,以及輝達團隊:Stephanie、Bob、Mylene、Ken 和 Hector 等人。

最後,我衷心感謝我的消息來源,感謝他們在百忙之中抽空分享他們的經驗。收集他們細數電腦史初期幾十年的發展,許多內容都是第一次被記錄下來,這實在是我的榮幸。他們慷慨的分享,豐富了本書的內容,也讓本書順利出版。

註釋

前言

1. Hendrik Bessembinder, "Which U.S. Stocks Generated the Highest Long-Term Returns?," S&P Global Market Intelligence Research Paper Series, July 16, 2024. http://dx.doi.org/10.2139/ssrn.4897069.

第 1 章

1. Lizzy Gurdus, "Nvidia CEO: My Mom Taught Me English," CNBC, May 6, 2018.
2. Matthew Yi, "Nvidia Founder Learned Key Lesson in Pingpong," *San Francisco Chronicle*, February 21, 2005.
3. "A Conversation with Nvidia's Jensen Huang," Stripe, May 21, 2024, video, 10:02.
4. Maggie Shiels, "Nvidia's Jen-Hsun Huang," BBC News, January 14, 2010.
5. Brian Dumaine, "The Man Who Came Back from the Dead Again," *Fortune*, September 1, 2001.
6. Interview with Judy Hoarfrost, 2024.
7. "19th Hole: The Readers Take Over," *Sports Illustrated*, January 30, 1978.
8. Yi, "Nvidia Founder Learned Key Lesson."
9. "2021 SIA Awards Dinner," SIAAmerica, February 11, 2022, video. https://www.youtube.com/watch?v=5yvN_T8xaw8.
10. "The Moment with Ryan Patel: Featuring NVIDIA CEO Jensen Huang | HP," HP, October 26, 2023, video, 1:47.
11. "Jen-Hsun Huang," *Charlie Rose*, February 5, 2009.
12. Interview with Jensen Huang, 2024.
13. "2021 SIA Awards Dinner," SIAAmerica, 1:04:00.
14. "The Moment with Ryan Patel," HP, 3:07.
15. "Jen-Hsun Huang, NVIDIA Co-Founder, Invests in the Next Generation of Stanford Engineers," School News, Stanford Engineering, October 1, 2010.
16. Gurdus, "Nvidia CEO."
17. "Jensen Huang," Stanford Institute for Economic Policy Research, March 7, 2024, video, 38:00.

第 2 章

1. Frederick Van Veen, *The General Radio Story* (self-pub., 2011), 153.
2. Van Veen, *General Radio Story*, 171–75.
3. Interview with Chris Malachowsky, 2023.
4. Interview with Curtis Priem, 2024.
5. 范霍克本身就是圖形領域的先驅。他後來設計了任天堂64遊戲機的圖形架構。
6. Interview with Chris Malachowsky, 2023.

第 3 章

1. "Jensen Huang," Sequoia Capital, November 30, 2023, video, 5:13.
2. "Jen-Hsun Huang, NVIDIA Co-Founder, Invests in the Next Generation of Stanford Engineers," School News, Stanford Engineering, October 1, 2010.

3. "2021 SIA Awards Dinner," SIAAmerica, February 11, 2022, video, 1:11:09. https://www. youtube.com/watch?v=5yvN_T8xaw8.
4. "Jen-Hsun Huang," Stanford Online, June 23, 2011, video, 9:25.
5. National Science Board, "Science and Engineering Indicators–2002," NSB-02-01 (Arlington, VA: National Science Foundation, 2002). https://www.nsf.gov/ publications/ pub_summ.jsp?ods_key=nsb0201.
6. Interview with Jensen Huang, 2024.
7. "Jensen Huang," Sequoia Capital.
8. Interview with Mark Stevens, 2024.

第 4 章

1. "Jen-Hsun Huang," Stanford Online, June 23, 2011, video, 45:37.
2. Interview with Pat Gelsinger, 2023.
3. Interview with Dwight Diercks, 2024.
4. Jon Peddie, *The History of the GPU: Steps to Invention* (Cham, Switzerland: Springer, 2022), 278.
5. Peddie, *History of the GPU*, 278.
6. Interview with Curtis Priem, 2024.
7. Interview with Michael Hara, 2024.
8. "Jen-Hsun Huang, NVIDIA Co-Founder, Invests in the Next Generation of Stanford Engineers," School News, Stanford Engineering, October 1, 2010.
9. "Jensen Huang," Sequoia Capital, November 30, 2023, video, 13:57.
10. Jon Stokes, "Nvidia Cofounder Chris Malachowsky Speaks," *Ars Technica*, September 3, 2008.
11. "Dean's Speaker Series | Jensen Huang Founder, President & CEO, NVIDIA," Berkeley Haas, January 31, 2023, video, 32:09.
12. Interview with former Nvidia employee, 2023.
13. "3dfx Oral History Panel," Computer History Museum, July 29, 2013, video.
14. Orchid Technology, "Orchid Ships Righteous 3D," press release, October 7, 1996.
15. "3dfx Oral History Panel," Computer History Museum.
16. Interview with Scott Sellers, 2023.
17. Interview with Dwight Diercks, 2024.
18. "Jen-Hsun Huang," Oregon State University, February 22, 2013, video, 37:20.
19. Interview with former Nvidia employee, 2023.
20. "Jen-Hsun Huang," Oregon State University, 30:28.
21. Interview with Curtis Priem, 2024.
22. Interview with Dwight Diercks, 2024.
23. Interview with Henry Levin, 2023.
24. Interview with Chris Malachowsky, 2023.
25. Interview with Jensen Huang, 2024.
26. Interview with Eric Christenson, 2023.
27. Personal e-mail from Sutter Hill CFO Chris Basso.
28. Nvidia, "Upstart Nvidia Ships Over One Million Performance 3D Processors," press release, January 12, 1998.
29. Interview with Jensen Huang, 2024.

第 5 章

1. Interview with Caroline Landry, 2024.
2. Interview with Michael Hara, 2024.
3. Interviews with Tench Coxe and other former Nvidia employees, 2023.
4. Interview with Robert Csongor, 2023.
5. Interview with Jeff Fisher, 2024.
6. Interview with Geoff Ribar, 2023.
7. Interview with John McSorley, 2023.
8. Interview with Andrew Logan, 2024.
9. Interview with Kenneth Hurley, 2024.
10. Interview with Caroline Landry, 2024.
11. Interview with Sanford Russell, 2024.
12. Interview with Andrew Logan, 2024.
13. Interview with Jeff Fisher, 2024.
14. "Morris Chang, in Conversation with Jen-Hsun Huang," Computer History Museum, October 17, 2007, video, 23:00.
15. Interview with Chris Malachowsky, 2023.
16. Interview with Curtis Priem, 2024.
17. Interview with Geoff Ribar, 2023.
18. Interview with Michael Hara, 2024.
19. Interview with Michael Hara, 2024.
20. Interview with Jeff Fisher, 2024.
21. Interview with Curtis Priem, 2024.
22. Interview with Nick Triantos, 2023.

第 6 章

1. Interview with Ross Smith, 2023.
2. Interview with Scott Sellers, 2023.
3. Interview with Dwight Diercks, 2024.
4. Interview with Michael Hara, 2024.
5. Interview with David Kirk, 2024.
6. Interview with Curtis Priem, 2024.
7. Interview with Dwight Diercks, 2024.
8. Interview with Dwight Diercks, 2024.
9. Interview with Rick Tsai, 2024.
10. Dean Takahashi, "Shares of Nvidia Surge 64% aher Initial Public Offering," *Wall Street Journal*, January 25, 1999.
11. Interview with Kenneth Hurley, 2024.
12. Takahashi, "Shares of Nvidia Surge."
13. Dean Takahashi, *Opening the Xbox: Inside Microsofi's Plan to Unleash an Entertainment Revolution* (Roseville, CA: Prima Publishing, 2002), 230.
14. Interview with Oliver Baltuch, 2023.
15. Takahashi, *Opening the Xbox*, 202.

16. Interview with George Haber, 2023.
17. Interview with Chris Diskin, 2024.
18. Interview with George Haber, 2023.
19. Interview with Curtis Priem, 2024
20. Interview with Michael Hara, 2024.

第 7 章

1. Clayton Christensen, *The Innovator's Dilemma: When New Technologies Cause Great Firms to Fail* (Boston, MA: Harvard Business School Press, 1997), 47.
2. Interview with Michael Hara, 2024.
3. Interview with Jeff Fisher, 2024.
4. Interview with Tench Coxe, 2023.
5. "Jensen Huang of Nvidia on the Future of A.I. | DealBook Summit 2023," *New York Times*, November 30, 2023, video, 19:54.
6. Interview with Nvidia employee, 2023.
7. Interview with Sanford Russell, 2024.
8. Interview with Dan Vivoli, 2024.
9. John D. Owens et al., "A Survey of General-Purpose Computation on Graphics Hardware," State of the Art Reports, Eurographics 2005, August 1, 2005. https://doi.org/10.2312/egst.20051043.
10. Interview with David Kirk, 2024.
11. Interview with Jensen Huang, 2024.
12. Interview with two former Nvidia employees, 2023.
13. "Best Buy Named in Suit over Sam Goody Performance," *New York Times*, November 27, 2003.
14. Interview with Jensen Huang, 2024.

第 8 章

1. Interview with David Kirk, 2024.
2. Interview with Jensen Huang, 2024.
3. Interview with Jensen Huang, 2024.
4. Ian Buck et al., "Brook for GPUs: Stream Computing on Graphics Hardware," *ACM Transactions on Graphics* 23, no. 3 (August 2004): 777–86.
5. Interview with Andy Keane, 2024.
6. Anand Lal Shimpi, "Nvidia's GeForce 8800," *Anandtech*, November 8, 2006.
7. "A Conversation with Nvidia's Jensen Huang," Stripe Sessions 2024, April 24, 2024, video, 01:04:49.
8. "No Priors Ep. 13 | With Jensen Huang, Founder & CEO of NVIDIA," No Priors: AI, Machine Learning, Tech, & Startups, April 25, 2023, video. https://www.youtube.com/watch?v=ZFtW3g1dbUU.
9. Rob Beschizza, "nVidia G80 Poked and Prodded. Verdict: Fast as Hell," *WIRED*, November 3, 2006; Jon Stokes, "NVIDIA Rethinks the GPU with the New GeForce 8800," *Ars Technica*, November 8, 2006.
10. Interview with David Kirk, 2024.

11. Interview with Mark Berger, 2024.
12. Interview with Derik Moore, 2024.
13. "NVIDIA CEO Jensen Huang," Acquired, October 15, 2023, video, 49:42.
14. Interview with Amir Salek, 2023.

第 9 章

1. Nvidia Corporation, "Letter to Stockholders: Notice of 2010 Annual Meeting" (Santa Clara, CA: Nvidia, April 2010).
2. Interview with Dan Vivoli, 2023.
3. Interview with Anthony Medeiros, 2024.
4. Interview with Jensen Huang, 2024.
5. "In Conversation | Jensen Huang and Joel Hellermark," Sana AI Summit, June 29, 2023, video, 32:10.
6. "A Conversation with Nvidia's Jensen Huang," Stripe, May 21, 2024, video, 11:06.
7. Interview with Tench Coxe, 2023.
8. Interview with Oliver Baltuch, 2023.
9. Interview with Andy Keane, 2024.
10. Interview with Jensen Huang, 2024.
11. Interview with Simona Jankowski, 2024.
12. Interview with Jay Puri, 2024.
13. Interview with Jensen Huang, 2024.
14. Interview with Robert Csongor, 2023.
15. Interview with Michael Douglas, 2024.
16. Interview with Michael Douglas, 2023.
17. Interview with John McSorley, 2023.
18. Interview with former Nvidia employee, 2024.
19. Interview with Mark Berger, 2024.
20. Interview with Jay Puri, 2024.
21. Interview with David Ragones, 2024.
22. Interview with Michael Douglas, 2024.
23. Interview with Jensen Huang, 2024.

第 10 章

1. Carl Icahn, "Beyond Passive Investing," Founder's Council program, Greenwich Roundtable, April 12, 2005.
2. Walt Mossberg, "On Steve Jobs the Man, the Myth, the Movie," Ctrl-Walt-Delete Podcast, October 22, 2015.
3. Interview with former Nvidia employee, 2024.
4. Interview with Tench Coxe, 2023.
5. Interview with Ali Simnad, 2024.
6. Interview with Leo Tam, 2023.
7. Interview with Kevin Krewell, 2024.
8. "In Conversation | Jensen Huang and Joel Hellermark," Sana AI Summit, June 29, 2023,

video, 29:20.

9. "Jen-Hsun Huang," Stanford Online, June 23, 2011, video, 32:41.

10. "Jen-Hsun Huang," Oregon State University, February 22, 2013, video, 1:15:58.

11. Interview with Tench Coxe, 2023.

12. Interview with Jeff Fisher, 2023.

13. Interview with Bryan Catanzaro, 2024.

14. Maggie Shiels, "Nvidia's Jen-Hsun Huang," BBC, January 14, 2010.

15. "Saturday's Panel: A Conversation with Jen-Hsun Huang (5/7)," Committee of 100, May 18, 2007, video, 5:43.

16. "Jensen Huang—CEO of NVIDIA | Podcast | In Good Company | Norges Bank Investment Management," Norges Bank, November 19, 2023, video, 44:50.

17. Alexis C. Madrigal, "Paul Otellini's Intel: Can the Company That Built the Future Survive It?," The Atlantic, May 16, 2013.

18. Interview with Pat Gelsinger, 2023.

19. Mark Lipacis, "NVDA Deep-Dive Presentation," Jefferies Equity Research, August 17, 2023.

20. "Search Engine Market Share Worldwide," Statcounter. https://gs.statcounter.com/search-engine-market-share (accessed August 9, 2024).

第 11 章

1. William James Dally, "A VLSI Architecture for Concurrent Data Structures," PhD diss., California Institute of Technology, 1986.

2. Interview with David Kirk, 2024.

3. Brian Caulfield, "What's the Difference Between a CPU and a GPU?," Nvidia Blog, December 16, 2009.

4. "NVIDIA: Adam and Jamie Explain Parallel Processing on GPU's," Artmaze1974, September 15, 2008, video.

5. John Markoff, "How Many Computers to Identify a Cat? 16,000," New York Times, June 26, 2012.

6. Interview with Bill Dally, 2024.

7. Adam Coates et al., "Deep Learning with COTS HPC Systems," in Proceedings of the 30th International Conference on Machine Learning, Proceedings of Machine Learning Research, vol. 28, cycle 3, ed. Sanjoy Dasgupta and David McAllester (Atlanta, GA: PMLR, 2013), 1337–45.

8. Jensen Huang, "Accelerating AI with GPUs: A New Computing Model," Nvidia Blog, January 12, 2016.

9. Interview with Bill Dally, 2024.

10. Coates et al., "Deep Learning with COTS HPC Systems," 1338.

11. Coates et al., "Deep Learning with COTS HPC Systems," 1345.

12. Interview with Bill Dally, 2024.

13. Interview with Bryan Catanzaro, 2024.

14. Dave Gershgorn, "The Data That Transformed AI Research—and Possibly the World," Quartz, July 26, 2017.

15. Jessi Hempel, "Fei-Fei Li's Quest to Make AI Better for Humanity," WIRED, November 13, 2018.

16. Gershgorn, "The Data That Transformed AI Research."
17. Interview with Bill Dally, 2024.
18. Interview with Bryan Catanzaro, 2024.
19. Interview with Bryan Catanzaro, 2024.
20. Interview with Bryan Catanzaro, 2024.
21. Interview with Bryan Catanzaro, 2024.
22. "NVIDIA Tesla V100: The First Tensor Core GPU," Nvidia. https://www.nvidia.com/en-gb/data-center/tesla-v100/ (accessed August 13, 2024).
23. Interview with Bill Dally, 2024.
24. "No Priors Ep. 13 | With Jensen Huang, Founder & CEO of NVIDIA," No Priors: AI, Machine Learning, Tech, & Startups, April 25, 2023, video, 16:19. https://www.youtube.com/watch?v=ZFtW3g1dbUU.
25. "Q3 2024 Earnings Call," Nvidia, November 21, 2023.

第 12 章

1. Michael J. de la Merced, "A Primer on Starboard, the Activist That Pushed for a Staples-Office Depot Merger," *New York Times*, February 4, 2015.
2. "Transforming Darden Restaurants," Starboard Value, PowerPoint presentation, September 11, 2014.
3. William D. Cohan, "Starboard Value's Jeff Smith: The Investor CEOs Fear Most," *Fortunate*, December 3, 2014.
4. Darden Restaurants, "Darden Addresses Inaccurate and Misleading Statements by Starboard and Provides the Facts on Value Achieved with Red Lobster Sale," press release, August 4, 2014.
5. Myles Udland and Elena Holodny, "Hedge Fund Manager Publishes Dizzying 294-Slide Presentation Exposing How Olive Garden Wastes Money and Fails Customers," *Business Insider*, September 12, 2014.
6. "Transforming Darden Restaurants," Starboard Value, 6–7.
7. Interview with Jeff Smith, 2024.
8. Starboard Value letter to Mellanox Technologies, Ltd., January 8, 2017.
9. Interview with Jay Puri, 2024.

第 13 章

1. Interview with David Luebke, 2024.
2. Interview with Bryan Catanzaro, 2024.
3. Interview with Jensen Huang, 2024.
4. Jordan Novet, "Google A.I. Researcher Says He Leh to Build a Startup aher Encountering 'Big Company-itis,' " CNBC, August 17, 2023.

第 14 章

1. John Markoff, "At Google, Earnings Soar, and Share Price Follows," *New York Times*, October 22, 2004.
2. Ben Popper, "Facebook's Q2 2013 Earnings Beat Expectations," *The Verge*, July 24, 2013.
3. Interview with Colette Kress, 2023.

4. Interview with Jeff Fisher, 2024.

5. Interview with Simona Jankowski, 2024.

6. Dave Salvator, "H100 Transformer Engine Supercharges AI Training, Delivering Up to 6x Higher Performance without Losing Accuracy," Nvidia Blog, March 22, 2022.

7. "No Priors Ep. 13 | With Jensen Huang, Founder & CEO of NVIDIA," No Priors: AI, Machine Learning, Tech, & Startups, video, 16:51. https://www.youtube.com/watch?v=ZFtW3g1dbUU.

8. Interview with Jay Puri, 2024.

9. Interview with former Nvidia executive, 2024.

10. Interview with Ross Walker, 2024.

11. "Jen-Hsun Huang," Stanford Online, June 23, 2011, video, 9:25.

12. "Dean's Speaker Series | Jensen Huang Founder, President & CEO, NVIDIA," Berkeley Haas, January 31, 2023, video, 49:25.

13. "Download Day 2024 — Fireside Chat: NVIDIA Founder & CEO Jensen Huang and Recursion's Chris Gibson," Recursion, June 24, 2024, video, 1:32.

14. Kimberly Powell Q&A interview by analyst Harlan Sur, 42nd Annual J.P. Morgan Healthcare Conference, San Francisco, CA, January 8, 2024.

15. Interview with Gevorg Grigoryan, 2024.

16. "Nvidia CEO," HBR IdeaCast, November 14, 2023.

17. Brian Caulfield, "AI Is Tech's 'Greatest Contribution to Social Elevation,' NVIDIA CEO Tells Oregon State Students," Nvidia Blog, April 15, 2024.

結語

1. Paul Graham, "What Happened to Yahoo," PaulGraham.com, August 2010.

2. Nvidia Corporation, "NVIDIA Corporate Responsibility Report Fiscal Year 2023" (Santa Clara, CA: Nvidia), 16.

3. Interview with Ben de Waal, 2023.

4. Interview with Dwight Diercks, 2024.

5. Interview with David Kirk, 2024.

6. Interview with Li-Yi Wei, 2024.

7. Interview with Anthony Medeiros, 2024.

8. Interview with Jay Puri, 2024.

9. Interview with Anthony Medeiros, 2024.

10. Interview with Peter Young, 2024.

11. Interview with Jeff Fisher, 2024.

12. Interview with Shantanu Narayen, 2024.

13. Interview with Bryan Catanzaro, 2024.

14. Interview with Jeff Fisher, 2024.

15. Interview with Curtis Priem, 2024.

輝達之道

作者	金泰
譯者	洪世民、鍾玉玨
商周集團執行長	郭奕伶
商業周刊出版部	
責任編輯	林雲
封面設計	陳文德
內頁排版	林婕瀅
校對	呂佳真
出版發行	城邦文化事業股份有限公司 - 商業周刊
地址	115020台北市南港區昆陽街16號6樓
	電話：（02）2505-6789　傳真：（02）2503-6399
讀者服務專線	（02）2510-8888
商周集團網站服務信箱	mailbox@bwnet.com.tw
劃撥帳號	50003033
戶名	英屬蓋曼群島商家庭傳媒股份有限公司城邦分公司
網站	www.businessweekly.com.tw
香港發行所	城邦（香港）出版集團有限公司
	香港灣仔駱克道193號東超商業中心1樓
	電話：（852）2508-6231傳真：（852）2578-9337
	E-mail：hkcite@biznetvigator.com
製版印刷	中原造像股份有限公司
總經銷	聯合發行股份有限公司 電話：（02）2917-8022
初版1刷	2025年1月
初版19刷	2025年2月
定價	台幣450元
ISBN	978-626-7492-90-1（平裝）
EISBN	9786267492888（PDF）
	9786267492895（EPUB）

The Nvidia Way: Jensen Huang and the Making of a Tech Giant by Tae Kim

Copyright © 2025 by Tae Kim

Published by arrangement with W. W. Norton & Company, Inc. through Bardon Chinese Creative Agency

Complex Chinese Copyright © 2025 by Business Weekly, a division of Cite Publishing Ltd.

All rights reserved.

版權所有・翻印必究

Printed in Taiwan（本書如有缺頁、破損或裝訂錯誤，請寄回更換）

國家圖書館出版品預行編目(CIP)資料

輝達之道/金泰著；洪世民, 鍾玉玨譯. -- 初版. -- 臺北市 : 城邦文
化事業股份有限公司商業周刊, 2025.01
　面；　公分
譯自 : The Nvidia way : Jensen Huang and the making of a tech
　　giant.
ISBN 978-626-7492-90-1 (平裝)
1.CST: 黃仁勳　　2.CST: 企業經營　　3.CST: 半導體工業
4.CST: 晶片

484.51　　　　　　　　　　　　　　　113018969

紅沙龍

Try not to become a man of success but rather to become a man of value.
～Albert Einstein (1879 - 1955)

毋須做成功之士，寧做有價值的人。 —— 科學家　亞伯·愛因斯坦